国家骨干高职院校建设项目成果　环境艺术设计专业项目式教学系列教材

# 别墅设计

主　编　刘大欣　韩露枫
副主编　张　帆　徐乐川

中国水利水电出版社
www.waterpub.com.cn

## 内 容 提 要

本教材是根据室内设计中别墅设计项目的特点，提炼别墅设计的典型工作任务，按照项目设计的工作过程编写的高职教材。

教材选取别墅设计中经常会遇到的总体设计、常规空间设计、辅助空间设计、庭院设计、建筑模型设计与制作为实践项目，项目可操作性强，注重工作过程的教学，从项目调研、方案策划到方案制图，学生能了解整个项目设计的过程。各个工作任务中都穿插相关理论知识、思维拓展和参考资料，有助于学生在实施项目时自学与开拓思维。

本教材既可供高职院校环境艺术设计专业师生使用，也可供具有一定室内设计基础的设计人员参考使用。

**图书在版编目（CIP）数据**

别墅设计 / 刘大欣，韩露枫主编. -- 北京 : 中国水利水电出版社，2015.6

国家骨干高职院校建设项目成果. 环境艺术设计专业项目式教学系列教材

ISBN 978-7-5170-3214-4

Ⅰ. ①别… Ⅱ. ①刘… ②韩… Ⅲ. ①别墅－建筑设计－高等职业教育－教材 Ⅳ. ①TU241.1

中国版本图书馆CIP数据核字(2015)第112585号

| | |
|---|---|
| 书　　名 | 国家骨干高职院校建设项目成果　环境艺术设计专业项目式教学系列教材<br>**别墅设计** |
| 作　　者 | 主编　刘大欣　韩露枫　副主编　张帆　徐乐川 |
| 出版发行 | 中国水利水电出版社<br>（北京市海淀区玉渊潭南路1号D座　100038）<br>网址：www.waterpub.com.cn<br>E-mail：sales@waterpub.com.cn<br>电话：(010) 68367658（发行部） |
| 经　　售 | 北京科水图书销售中心（零售）<br>电话：(010) 88383994、63202643、68545874<br>全国各地新华书店和相关出版物销售网点 |
| 排　　版 | 北京时代澄宇科技有限公司 |
| 印　　刷 | 北京鑫丰华彩印有限公司 |
| 规　　格 | 210mm×285mm　16开本　9印张　290千字 |
| 版　　次 | 2015年6月第1版　2015年6月第1次印刷 |
| 印　　数 | 0001—2000册 |
| 定　　价 | 39.00元 |

# 哈尔滨职业技术学院环境艺术设计专业教材
# 编审委员会



# 本书编审人员


**主　编：**刘大欣（哈尔滨职业技术学院）

韩露枫（哈尔滨职业技术学院）

**副主编：**张　帆（哈尔滨职业技术学院）

徐乐川（哈尔滨众艺空间设计工作室）

**参　编：**徐铭杰（哈尔滨职业技术学院）

徐延忠（哈尔滨海佩空间艺术装饰工程有限公司）

**主　审：**庄　伟（哈尔滨职业技术学院）

陈　松（黑龙江国光建筑装饰设计院）

# 编写说明

为贯彻落实教育部《关于以就业为导向深化高等职业教育改革的若干意见》的精神，加强教材建设，确保教材质量，哈尔滨职业技术学院环境艺术设计专业教研室组织编写了一套项目导向式系列教材，由中国水利水电出版社出版，展示我校环境艺术设计专业学工融合、一体化教学的课程开发成果，为更好地推进国家骨干高职院校建设做出我们的贡献。

职业教育与社会经济的发展联系越来越紧密，职业教育课程的改革势在必行。“环境艺术设计专业项目式教学系列教材”就是在这样的背景下组织编写的。本系列教材的编者打破传统，摒弃长期以来存在的重理论知识轻职业能力的弊端，以黑龙江省教育厅《高职环境艺术设计专业实践育人模式的研究与实践》、黑龙江省职业教育学会《“学工融合工作室”人才培养模式创新研究》课题研究为依托，根据专业职业活动，确定教材内容，加以科学组织。

“环境艺术设计专业项目式教学系列教材”根据有关课题研究成果和长期教学经验以及建筑装饰企业常规管理规范，提出了项目导向式的教学模式。即以企业真实工作项目为载体，以岗位工作任务为导向，与企业第一线专家共同开发项目课程教材。按照建筑装饰行业核心能力的要求，围绕“学工融合的工作室”人才培养模式，建设环境艺术设计专业项目式教学系列教材，全面培养学生以专业能力、方法能力、社会能力为主的综合职业能力。

本系列教材与建筑装饰企业共同开发，将设计企业要求对设计人才的需求与环境艺术设计专业教学环节紧密结合，教学不再是教师的“一言堂”，而成为教、学双向互动的“满堂彩”。教材的主要特点如下：

一、依托室内设计工作室，与建筑装饰企业合作，引入企业真实项目和实际案例，实训教学与企业实际工作过程相结合，学生的实训更切合实际。

二、实训教学的考核和评价多元化，有学生的自我评价、互相评价，还有企业评价等。

三、注重培养学生的职业综合素质，强调团队合作、自主学习和沟通交流。

本系列教材适合于高等职业院校项目式课程改革使用，也可作为本专业技术人员的自学读物或培训用书。

本系列教材采取校企合作方式编写，突出工学结合的学工融合工作室式培养特色，教材具有较强的适用性、针对性和推广价值，愿以此系列教材为国家示范性高职院校和国家骨干高职院校建设贡献力量。

**哈尔滨职业技术学院环境艺术设计专业教材编审委员会**

**2013 年 5 月**

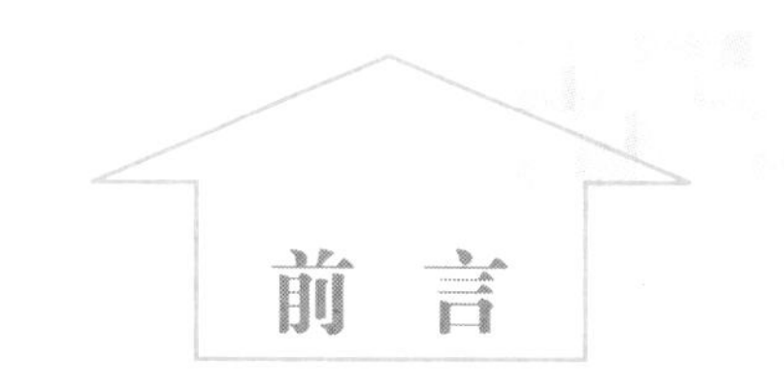

# 前言

“别墅设计”课程是环境艺术设计专业的核心课程，也是建筑装饰行业企业室内设计师岗位工作的一项重要内容。

《别墅设计》一书是“环境艺术设计专业项目式教学系列教材”中的分册，根据国家骨干高职院校环境艺术设计专业建设的要求，从“学工融合工作室”人才培养模式的角度出发，以“学工融合”为教学手段，以“工作室”为实训平台，通过“项目导向式”的教学模式，探索一种真正适合高职院校“工学结合”教学与实训的教材模式，重在提高学生参与项目实践的能力，提升学生的职业素质与职业技能，最终培养出适应建筑装饰行业企业需求的高端技术技能型人才。

本教材具有以下特点：

一、与建筑装饰企业合作，引进真实项目，把整套项目分解成4个部分，从项目调查到设计表达，结合相应任务，穿插了相关的理论知识。学生能够逐渐掌握完整的商业空间设计程序。

二、本教材的任务需要学生组成小组共同完成，通过团队的合作，培养学生的合作能力、沟通能力、探索能力、创新能力等职业素养。

三、本教材的实训项目需要在配有图形工作站计算机的室内设计工作室中实施，做到“教学做”一体化。

四、采用新型的教学评价体系，更全面客观地考核学生。

本书主要编写人员分工如下：

| 教材章节 | | 编写人员 |
|---|---|---|
| 项目一　别墅总体设计 | 子项目1　项目调研 | 刘大欣 |
| | 子项目2　别墅总括方案设计 | |
| 项目二　别墅常规空间设计 | 子项目1　别墅客厅设计 | 韩露枫 |
| | 子项目2　别墅卧室设计 | |
| | 子项目3　别墅书房设计 | |
| 项目三　别墅辅助空间设计 | 子项目1　别墅门厅间空设计 | 张　帆 |
| | 子项目2　别墅楼梯间空间设计 | |
| | 子项目3　别墅厨卫空间设计 | |
| 项目四　别墅庭院设计 | 子项目1　别墅庭院硬质景观设计 | 刘大欣 |
| | 子项目2　别墅庭院软质景观设计 | |
| 项目五　别墅建筑模型设计与制作 | 子项目1　别墅建筑模型主体设计与制作 | 徐乐川 |
| | 子项目2　别墅建筑模型环境设计与制作 | |
| 别墅设计项目案例 | | 徐延忠 |
| 学生实训项目评价表 | | 庄　伟　徐铭杰 |
| 附录《住宅建筑规范》（GB 50368—2005）（节选） | | 陈　松 |

本教材建议总学时为88学时，以实际项目为导向，在配有图形工作站计算机的室内设计工作室中进行实训。由于本教材内容以黑龙江省内建筑装饰行业实际项目为主，因此，具体授课内容应以本地区实际情况进行增减并合理选择。

本教材与黑龙江国光建筑装饰设计研究院和哈尔滨海佩空间艺术装饰工程有限公司共同开发，开发过程中得到哈尔滨职业技术学院教务处孙百鸣处长的指导。教材中的案例与图片由黑龙江国光建筑装饰设计研究院和哈尔滨海佩空间艺术装饰工程有限公司提供，部分设计方案和计算机效果图由哈尔滨职业技术学院环境艺术设计专业学生提供，在此也一并致谢。

别墅设计属于高级住宅设计，由于本教材的侧重点和篇幅限制，在探索过程中编写难度较大，时间比较仓促，限于编者水平，教材中难免有不足之处，请专家和同行批评指正。

编　者

2015年2月

# 目录

目录

目录

目录

# 项目一　别墅总体设计

| 别墅总体设计实施计划表 | |
|---|---|
| 一、项目导入 | |
| （一）项目名称 | 别墅总体设计 |
| （二）项目背景 | 此项目为别墅总体设计项目，位于市郊的两层别墅建筑，别墅面积约为380m$^2$，层高7m，根据别墅特点完成室内装饰方案设计（结合此案例，在此基础上重新进行别墅设计） |
| （三）项目图纸 | 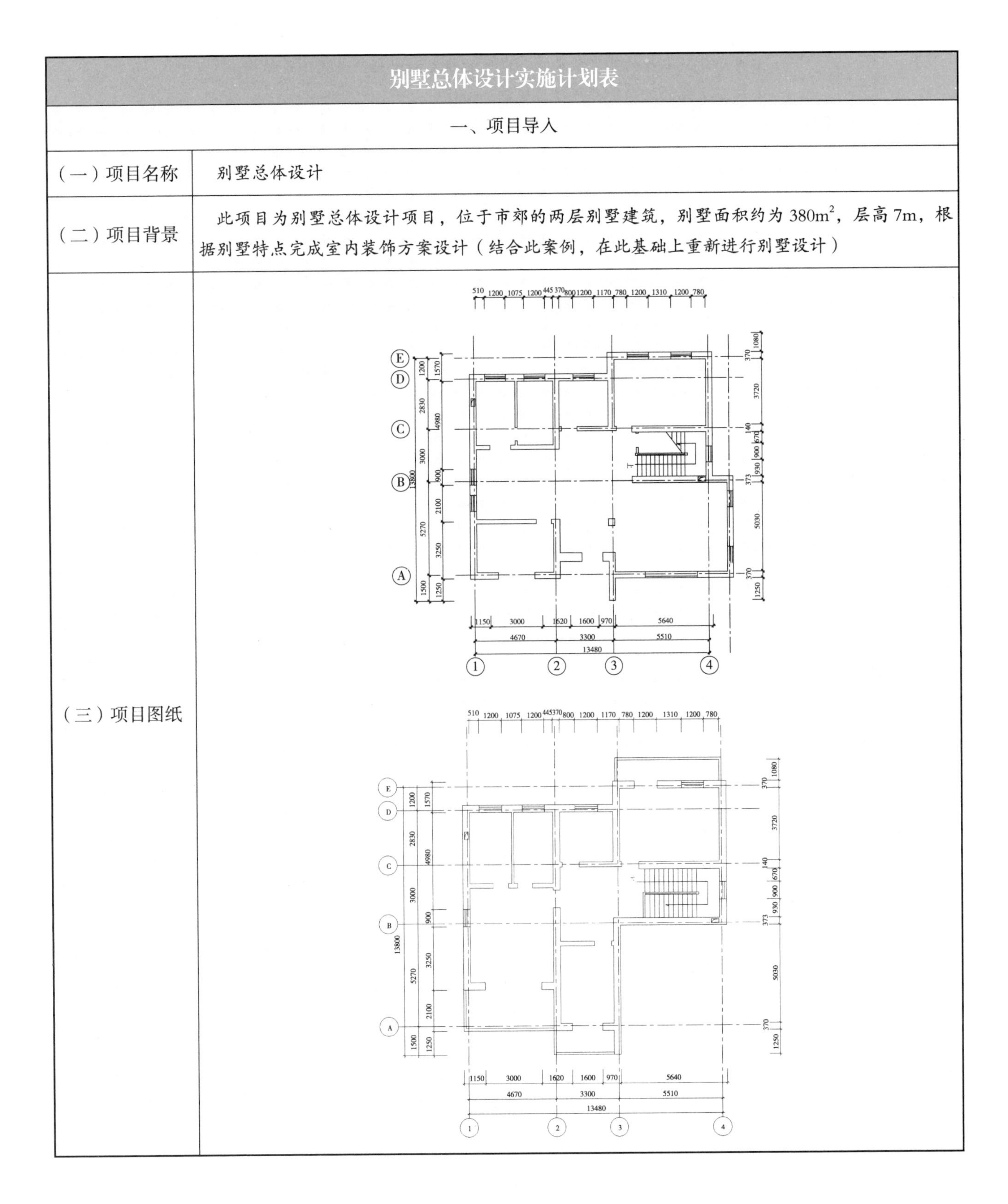 |

<table>
<tr><td colspan="2">二、项目分析</td></tr>
<tr><td>（一）设计要求</td><td>1. 风格定位：设计要根据该别墅的特点和风格进行定位，装修以中高档为主。<br>2. 功能设计：功能划分要考虑别墅功能划分的特点，合理安排各区域，符合防火、安全标准。<br>3. 考虑建筑本身的通风、水暖、电气的位置和走向，考虑建筑结构。<br>4. 建筑主体的改动要符合建筑规范</td></tr>
<tr><td>（二）项目成果要求</td><td>1. 调研报告：调查客户背景资料填写调查表；收集原始现场资料，归纳整理后形成调研报告。<br>2. 手绘草图：别墅平面功能分析草图 1 张（A4 幅面）</td></tr>
<tr><td>（三）项目实施要求</td><td>1. 要求学生分组合作，自主完成，作品要有自己的创意。<br>（1）班级分组，以团队合作的形式共同完成项目，建议 4 ～ 6 人为一组，每个小组选出 1 名组长，负责项目任务的组织与协调，带领小组完成项目。小组成员需要独立完成各自分配的任务，并保证设计方案的整体性。<br>（2）每个小组完成最为完善的调研报告。选出 1 名组员负责报告的讲解和答辩。<br>2. 建筑结构、辅助设施在符合建筑规范的基础上进行有限度的改动。<br>3. 布局和功能合理，设计风格符合企业特点。<br>4. 手绘草图结构准确、设计思路表达清楚</td></tr>
<tr><td colspan="2">三、项目考核方式</td></tr>
<tr><td colspan="2">1. 过程考核。通过小组成员在实训过程的态度表现，进行考核评分，包括出勤情况、完成任务的效率和质量、团队合作的情况等。这部分分值占总分的 40%。<br>2. 成果考核。对学生在实训中完成的整套项目成果进行考核，包括任务完成的作品质量、方案陈述的情况等。这部分分值占总分的 50%。<br>3. 综合评价考核。在学生最终作品完成后，邀请合作企业的相关人员，如设计师、工程技术人员与专业评价教师团成员，以行业企业的标准对学生的作品进行综合评价。这部分分值占总分的 10%</td></tr>
<tr><td colspan="2">四、学习总目标</td></tr>
<tr><td colspan="2">知识目标：掌握别墅设计基本概念、功能分区及作用<br>能力目标：培养学生别墅室内空间设计能力、功能分析能力、设计表现能力、原始平面测量与绘制能力<br>素质目标：培养学生团队合作能力、设计创新能力、语言表达与沟通能力</td></tr>
<tr><td colspan="2">五、项目实施内容</td></tr>
<tr><td>子项目 1　项目调研</td><td>2 课时</td></tr>
<tr><td>子项目 2　别墅总括方案设计</td><td>2 课时</td></tr>
</table>

# 子项目1　项目调研

## 一、学习目标

### （一）知识目标

（1）掌握别墅项目调研客户的方法，调查业主与别墅基地背景资料。

（2）掌握别墅现场勘查的方法。

（3）掌握调查表的编制方法。

（4）掌握别墅原始现场资料的收集方法。

### （二）能力目标

（1）培养学生设计调查能力。

（2）培养学生施工现场测量能力。

（3）培养学生资料收集整理能力。

### （三）素质目标

（1）培养学生团队合作意识。

（2）培养学生表达设计意图的方式。

（3）培养学生的创造性思维。

## 二、项目实施步骤

### （一）客户调研

派专人联系客户，进行沟通交流，初步了解该别墅的基本信息和装修情况，并了解客户的基本装修意图，做好记录，并约定现场勘测的时间。准备好客户调查表，了解甲方详细的装修意向，并交流初步的设计意图。

### （二）现场调研

准备卷尺、纸、笔，在约定时间到现场调研，做好调研记录。通过调研了解现场的建筑结构、水电通风及消防管线等，对别墅室内外环境、交通人流等进行分析，并测量室内详细尺寸，画出测量草图。用照相机、录像机拍摄室内外空间环境和细节，记录影像资料。

### （三）收集整理调查资料

各小组分工，根据客户调研和现场调研的资料和数据，收集整理调研所得的资料和数据。同时对现场测量的尺寸草图进行复尺，用Auto CAD软件画出原始平面图。收集与别墅设计项目有关的设计素材，作为进一步设计的参考。

## 三、知识链接

### （一）别墅总体设计项目调研内容

1. 客户调研

（1）业主需求。别墅设计最能体现“人性化、个性化”的设计特点。对于其建筑功能、形式和风格组成，应该随着业主事业特点、兴趣爱好、环境要求、生活品位、审美观点等的不同而表现出多样性。通过与业主进行深入交流，可以初步了解业主的文化层次、审美爱好，收集业主提供的片段信息，展开分析，进而确定别墅设计的意向风格。

（2）业主家庭组成情况。别墅设计属于高级住宅设计，设计师要考虑业主家庭的相关情况，进行综合设计。具体应调研别墅业主的家庭相关内容，包括业主的年龄、职业、文化、家庭人口组成等情况。

（3）业主经济条件。别墅设计需要满足业主经济预算的要求，在基本设计程序中要根据国家规定定额标准、各项费用取费标准、材料预算价格预先计算和确定所需工程量和投入金额，以便日后设计与施工工作的开展。

2. 现场调研

（1）自然环境调研。别墅建筑所处的自然环境是一个处于某种层次的自然生态系统，在这个系统中，地形、地貌、地质、空气、植被、气候、水文、光照等各生态因子是相互作用、相互平衡的。

别墅建筑大多选址在自然风景优美的地区，所处地形状况比较复杂，或平坦或起坡，因此别墅设计要结合地形的变化，合理利用地形。周围植物的配植情况可以增加别墅景观环境的优美度，还可以调节周围小气候，营造良好的生态环境。充分的日照对人居环境的采光和保温具有重要意义，特别是在东北地区，光线的角度和强弱变换形成丰富的光影，也是别墅设计需要考虑的内容。

（2）别墅建筑结构调查。通过现场调查，感受室内空间尺度的关系，了解建筑结构，并测量室内详细尺寸，画出测量草图。测量草图要标明室内空间的平面尺寸、梁柱尺寸、天棚、门窗高度等详细的原始数据。用照相机、录像机拍摄室内外空间环境和细节，记录影像资料。

（3）别墅管线结构调查。别墅设计对电气、消防、通风要求都较高，关系到业主的安全和舒适性。现场调查需要了解管线布局、强弱电控制开关、消防喷淋、上下水管线、通风管道等，调查时要考虑怎样在设计中解决这些问题。

### （二）别墅调研方法

1. 现场测量

现场测量常用方式有目测、步幅测量、卷尺测量、激光测距仪测量。其中目测和步幅测量是估计大概的尺寸，卷尺测量、激光测距仪测量则是获取精确的尺寸数据。

（1）测绘工具。卷尺、电子测绘仪、水笔、绘图和照相机。

（2）原始建筑资料信息。建筑的原始结构、功能区域图纸及照片。

（3）测绘重点。在测绘时，层高和细节立面容易被忽视，要特别注意。

（4）窗尺寸的标注方式。应标注窗台高度尺寸、窗体本身的高度尺寸、窗顶部到楼板底的尺寸。

（5）梁和楼板的标高方式。标注楼板标高符号及空间纵向净尺寸。纵向净尺寸即净高尺寸，是以底层楼板表面标高符号与标注相对应楼板底面标高的相对尺寸。

（6）水管和地漏的标注方式。标注水管的原始走向节口及分水管沿墙壁的走向尺寸，测量地漏下水通道位置，检查出水量。

（7）电路测量。了解总电源进口线路及电路分支线的功能分布。

（8）资料收集。收集设计所需要的资料，包括业主的要求、功能分布、设计中的必要元素、设计尺寸数据等。

2. 建筑内外环境考察与分析

（1）建筑地理位置。用来研究该建筑与其他建筑之间的设计关系。简单地把建筑感觉速写下来，品味建筑的设计，把握建筑的特征是考察现场的重要工作之一。

（2）建筑周边人流分析。察看主要车流、人流方向，避免建筑出口与其产生交叉，形成障碍，同时也可考虑把广告或标志性构造设置在视线较好的位置。

对周边环境的分析可以知道建筑的优势和劣势，通过设计来调整这些客观条件，帮助解决问题。

（3）建筑内外部重点处理区域与非重点区域分析。该图将划分出主要设计区域，分析出设计空间中主要的视线较好的区域或者与外界景观空间联系密切的空间区域，对于这些重点空间区域将布置重要的功能空间，使不同的功能空间具备最理想的位置，为下阶段设计打下基础。

（4）建筑内外光照分析。用来查看建筑的受光时间和对内空间的影响，区分室内空间阴暗潮湿区域，把展示的重要部分布置在阳光充足的区域。

3. 洽谈沟通

（1）创造良好的沟通氛围。在交谈的初期，尤其是当我们面对陌生人时，更是常常处于不知从何谈起的尴尬境地。就算谈话的对象是我们熟悉的人，也不知道该如何直截了当地开口。为了使谈话能够顺利，一开始就营造一个轻松、自然的谈话环境是至关重要的。谈话的主要一方要时刻想着如何来激发对方的谈话兴趣。例如，社会的焦点问题在某种程度上可以激发谈话者的兴趣，常常会很快拉近与陌生人之间的距离，使交谈得以顺利进行。为了避免交谈出现沟通中断的现象，我们必须从交谈一开始，就尽可能从对方谈话的细枝末节中掌握各方面的基本情况。

（2）在信任的基础上进行沟通。一个有效的沟通，要建立在信任的基础上。沟通双方要达到相互信任，合作的态度必不可少。所谓合作的态度，就是双方都能够主动承担自己的责任与义务，能够敢于“互相托付”。客户之所以能够将自己的装修项目交付设计师，也是建立在信任的基础上的。因此在前期的交流中，认真准备、真诚合作、加强客户对自己的信任非常必要。

（3）沟通要有较强针对性。洽谈的目的是加强对项目的了解，为设计方案提供资料和依据，也是为进一步的合作打下基础。洽谈时要针对实际问题进行讨论和沟通，针对前期制定设计方案时可能会出现的问题尽量与客户进行比较充分的交流，提高设计工作的效率。

## 四、项目检查表

<table>
<tr><th colspan="8">项目检查表</th></tr>
<tr><td colspan="2">实践项目</td><td colspan="6">别墅总体设计项目</td></tr>
<tr><td colspan="2">子项目</td><td colspan="2">别墅项目调研</td><td colspan="2">工作任务</td><td colspan="2">别墅项目调研</td></tr>
<tr><td colspan="4">检查学时</td><td colspan="4">0.5</td></tr>
<tr><td>序号</td><td colspan="2">检查项目</td><td colspan="2">检查标准</td><td colspan="2">组内互查</td><td>教师检查</td></tr>
<tr><td>1</td><td colspan="2">调研工具</td><td colspan="2">是否齐全</td><td colspan="2"></td><td></td></tr>
<tr><td>2</td><td colspan="2">别墅现场测绘图纸</td><td colspan="2">是否准确</td><td colspan="2"></td><td></td></tr>
<tr><td>3</td><td colspan="2">别墅调研记录</td><td colspan="2">是否详细</td><td colspan="2"></td><td></td></tr>
<tr><td>4</td><td colspan="2">别墅调研报告</td><td colspan="2">是否完整</td><td colspan="2"></td><td></td></tr>
<tr><td rowspan="4">检查评价</td><td>班　　级</td><td colspan="2"></td><td>第　　组</td><td>组长签字</td><td colspan="2"></td></tr>
<tr><td>小组成员签字</td><td colspan="6"></td></tr>
<tr><td colspan="7">评语：</td></tr>
<tr><td>教师签字</td><td colspan="3"></td><td>日期</td><td colspan="2"></td></tr>
</table>

## 五、项目评价表

<table>
<tr><th colspan="7">项目评价表</th></tr>
<tr><td>实践项目</td><td colspan="6">别墅总体设计项目</td></tr>
<tr><td>子项目</td><td colspan="2">别墅项目调研</td><td colspan="2">工作任务</td><td colspan="2">别墅项目调研</td></tr>
<tr><td colspan="3">评价学时</td><td colspan="4">1</td></tr>
<tr><td>考核项目</td><td>考核内容及要求</td><td>分值</td><td>学生自评<br>10%</td><td>小组评分<br>20%</td><td>教师评分<br>70%</td><td>实得分</td></tr>
<tr><td>客户调研</td><td>调查内容详细、完整</td><td>25</td><td></td><td></td><td></td><td></td></tr>
<tr><td>现场调研</td><td>测量尺寸准确、细节调查全面</td><td>25</td><td></td><td></td><td></td><td></td></tr>
<tr><td>资料收集</td><td>相关资料收集完整</td><td>15</td><td></td><td></td><td></td><td></td></tr>
<tr><td>完成时间</td><td>3 课时时间内完成，每超时 5 分钟扣 1 分</td><td>15</td><td></td><td></td><td></td><td></td></tr>
<tr><td rowspan="2">小组合作</td><td>能够独立完成任务得满分</td><td rowspan="2">20</td><td></td><td></td><td></td><td></td></tr>
<tr><td>在组内成员帮助下完成得 15 分</td><td></td><td></td><td></td><td></td></tr>
<tr><td colspan="2">总分</td><td>100</td><td></td><td></td><td></td><td></td></tr>
<tr><td rowspan="4">项目评价</td><td>班　　级</td><td colspan="2"></td><td>姓　　名</td><td></td><td>学号</td></tr>
<tr><td>第　　组</td><td colspan="2">组长签字</td><td colspan="3"></td></tr>
<tr><td colspan="6">评语：</td></tr>
<tr><td>教师签字</td><td colspan="2"></td><td>日期</td><td colspan="2"></td></tr>
</table>

## 六、项目总结

无论是在学校进行项目实训还是毕业后从事装饰设计工作，项目调研是整个设计程序的第一步，也是开展项目设计不可缺少的一环。项目调研的主要目的是通过调研了解该项目的现场环境、建筑结构数据、甲方要求等，为项目设计提供依据。调研之前要做好准备工作，将测量工具、笔、纸、数码相机等都带齐全，做好调研计划和分工；现场测量时要详细，空间尺寸、建筑结构、各种管线要完整记录。最后，要将调研收集到的资料进行归纳整理，画出现场的原始平面图，并做好项目调研报告。

## 七、项目实训

（1）调查别墅现场，并测量建筑尺寸。

（2）与客户进行洽谈沟通，了解客户设计要求。

# 子项目 2　别墅总括方案设计

## 一、学习目标

### （一）知识目标

（1）熟悉别墅方案策划流程。

（2）掌握别墅设计的功能分析方法。

（3）掌握别墅的设计方法。

### （二）能力目标

（1）培养学生资料整合能力。

（2）培养学生方案策划能力。

### （三）素质目标

（1）培养学生团队合作意识。

（2）培养学生表达设计意图的方式。

（3）培养学生的创造性思维。

## 二、项目实施步骤

### （一）根据现场测量尺寸绘制原始平面图

根据现场勘测的图纸和尺寸数据，用 AutoCAD 软件按 1 ：1 的比例绘制建筑的原始平面图，作为方案设计的基准图纸。

### （二）制定初步设计方案

根据前期的现场勘测、客户调查、市场调查和原始平面图纸，收集相关设计参考资料，初步制定空间平面规划方案，制定风格、色彩、材料、家具等样式。

采用画圈圈的画图方式，简单地在图纸上体现功能空间在建筑中的大概位置和相互间的程序关系。确定功能在建筑空间中的位置，简单划分主次关系、动静区域，注意人流关系和采光效果。

### （三）绘制别墅平面规划草图

根据初步的设计方案，对别墅的平面布局进行总体的规划，按照各空间功能确定别墅各部分大致的位置。

进一步划分墙体隔断，逐步融合基本空间尺寸和尺度，使其符合功能化的布局。进一步分析各功能空间之间的逻辑关系以及各空间的采光、通风、人流等其他设计因素，简单设想空间细部的处理方式。注意平面构成中墙与墙、空间与空间之间的联系，使墙与空间的关系达到几何美学的要求，形成视觉上的美观。

## 三、知识链接

### （一）别墅的概念

1. 别墅的基础概念

别墅，即别业，在郊区或风景区建造的供休养用的园林住宅，是居宅之外用来享受生活的居所。现在的普遍认识是，别墅是除“居住”这个住宅的基本功能以外，更主要体现生活品质及享用特点的高级住所，现在词义中同为独立的庄园式居所。

专业定义：居住建筑中的一个特殊类型。别墅作为私人生活的场所，具有居住建筑的所有属性，是居住、餐饮、娱乐休闲的综合体。

2. Villa、Loft 与 House 的区别

Villa 指别墅，Loft 指双层小户型公寓，House 指城市住宅。

### （二）别墅建筑的类型

在设计中常按照别墅建筑形式进行分类，这种分类方式目前应用得最为广泛（表 1–1）。

**表 1–1　别墅建筑类型**

| 分类方式 | 类型 |
|---|---|
| 按照地理环境分类 | 山地别墅、海滨别墅、森林别墅、草原别墅、城市别墅 |
| 按照别墅功能分类 | 生活型经济别墅、度假型别墅、出租型别墅、经营型别墅、商住型别墅 |
| 按照别墅建筑风格分类 | 欧式别墅、美式别墅、日式别墅、中式别墅 |
| 按照别墅与城市关系分类 | 城中别墅、城郊别墅、乡村别墅 |
| 按照别墅建筑形式分类 | 独栋别墅、双拼别墅、联排别墅、叠拼别墅 |

1. 独栋别墅

独栋别墅指单幢住宅，房屋四面临空，有围墙围出固定范围的庭院或明确归本户使用的周围用地（图 1–1）。独栋别墅的平面功能设置包括起居室、卧室、餐

图 1–1　独栋别墅

厅、厨房、卫生间等一些必要的家庭生活空间，且应考虑到使用者的职业、爱好、家庭成员等。独栋别墅是最常见的一种别墅形式，是其他形式别墅构成的最小单位，本书中将对此类别墅空间的设计进行详尽的分析。

2. 双拼别墅

双拼别墅是由两个单元的别墅并联组合的单栋别墅（图 1–2）。与独栋别墅相比，双拼别墅比较经济，两户住宅共用一道分户墙，两户的给排水管线可集中布置在分户墙内，降低了建筑造价。

图 1–2　双拼别墅

3. 联排别墅

联排别墅（图 1–3）原意是指在城区联排而建的市民城区住宅。这种住宅沿街建造，由于沿街面宽的限制，住宅大多采用大进深、小面宽的建筑形式，层数一般在 3 ~ 5 层。联排别墅建筑面积一般在 180 ~ 280m$^2$ 之间，面宽 5.7 ~ 7m 之间，进深一般在 11m 左右。

联排别墅（Townhouse）于 19 世纪 40—50 年代发源于英国新城镇时期，欧美国家比较普及。联排别墅现在在很多国家和地区已非常普及，由于离城区很近、方便上班、价格合理、环境优美，已成为城市发展过程中不可逾越的阶段——住宅郊区化的一种代表形态。

图 1–3　联排别墅

4. 叠拼别墅

叠拼别墅由多层的复式住宅上下叠加组合而成，下层有花园，上层有屋顶，一般为四层带阁楼建筑（图 1–4）。叠拼别墅每户均有露台、花园、车库，居住环境舒适，性价比较高。购买人群是社会上的中产阶级，而非真正意义上的富人。稀缺性、私密性较单体别墅要差，定位也多是第一居所。叠拼别墅比联排别墅的优势在于布局更为合理，不存在联排进深长的普遍缺陷；而且，其下部有半地下室，上部有露台，虽然没有联排别墅建筑上下通透的空间，但是优势不减，甚至更为灵动而宜人。

图 1–4　叠拼别墅

## （三）别墅室内空间功能分析

1. 别墅空间组合关系图

别墅空间的组合关系如图 1–5 所示。

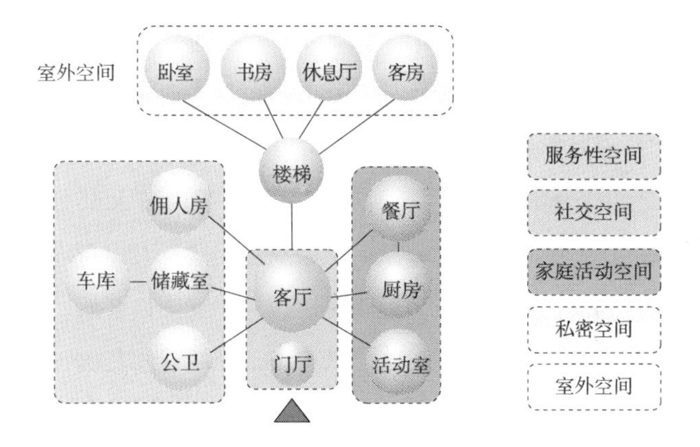


图 1-5　别墅空间组合关系

2. 功能空间的布局尺度

（1）社交空间。

1）门厅（玄关）。门厅原指佛教的入道之门，现在泛指厅堂的外门，也就是居室入口的一个区域。玄关，住户入口前室，也称为斗室、斗门或过厅，是入户门室内的一个缓冲，是提高住宅居住档次不可忽视的一个环节。评价住宅质量的重要标准之一，就是入户后是否有隔离或过渡，即玄关的设置。

门厅的使用功能包括：换鞋衣帽、整理妆容、存放雨具、储存收纳等。门厅的面积应不小于 $3m^2$，如扩大到 $6m^2$ 以上且加以重点装饰，可以打造成气度不凡的门厅。

2）客厅。客厅是家庭群体生活的主要活动空间，是“家庭窗口”。客厅相当于交通枢纽，起着联系各个功能空间的作用。客厅的设置对动静分离也起着至关重要的作用。动静分离是住宅舒适度的标志之一。像客厅、餐厅、厨房、次卫浴间等都属于动区，人们出入、活动比较频繁，而卧室、书房、主卫浴间等属于静区，人们相对比较安静。现代住宅在动静处理上，一方面是“动更动，静更静”；另一方面是动静分离更为明显，甚至只有一条交通通道联系两个区域，特别是跃层、错层和复式，一般下层为动区，上层为静区，楼梯是联系两个区域的交通通道。

客厅的使用功能包括：家庭团聚、会客、接待；展示、阅读；视听、娱乐活动等。别墅客厅的空间尺度较大，开间 4.5m 以上，面积为 20 ~ $30m^2$，净高为 3 ~ 4m。客厅内部空间的装饰最为豪华，充分体现出主人的社会地位与欣赏品位。

（2）家庭活动空间。

1）家庭活动室。家庭活动室是家庭内部活动的中心，是家庭成员团聚、交谈、娱乐、交流感情的地方，是户内活动最频繁的区域。由于与楼下的客厅完全隔离，可以充分、自由地放松身心、观赏影音节目，无需担心受到家人以外人员的打扰。

家庭活动室的使用功能包括：视听、阅读、娱乐活动、团聚等。家庭活动室的面积不宜小于 $15m^2$，应保证充足的采光，另外应配备独立的电话线和电脑网络等。

2）餐厅。餐厅是家人日常进餐并欢宴亲友的活动空间。餐厅应靠近厨房，并居于厨房与客厅之间最为有利位置，这在使用上可节约食品供应时间和就座进餐交通路线。餐室一般是单独的房间，在布设上完全取决于各个家庭不同的生活与用餐习惯。一般对于餐厅的要求是便捷卫生、安静、舒适。除了固定的日常用餐场所外，也可按不同时间、不同需要临时布置各式用餐场所，如阳台上、壁炉边、树阴下、庭院中无一不是别具情趣的用餐所在。餐厅设备主要是桌椅和酒柜等，现代家庭中，也常常设有酒吧台，以满足都市休闲性餐饮需求。

餐厅的使用功能包括用餐、收藏展示、收纳等。餐厅的开间尺寸应在 3m 以上，面积应在 $12m^2$ 以上。餐厅宜设计大面积的景观窗或落地玻璃门，并朝向景观优美的别墅庭院，既可以满足采光通风的需要，又可以增加用餐时心里的舒适度。

3）厨房。随着生活水平的提高，厨房已经密切关系到整个住宅的质量。人们越来越注重改善厨房的工作条件和卫生条件，更加讲究多功能和使用方便的设计，而且将生活休闲的功能也要考虑在内。厨房在西方国家里，是属于客厅之外，另一个日常生活中家人活动空间的重心，它不但是烹调食物的地方，更是家人进餐、聊天的地方。今天，世界各地生活方式的不断融合，给厨房的布局和内容也带来了更大的选择余地，也对设计造型、功能组织提出更高的要求。理想的厨房必须同时兼顾以下要素：流程便捷、功能合理、空间紧凑、尺度科学、添加设备、简化操作、隐形收藏、取用方便、排除

废气、注重卫生。

厨房的使用功能包括洗涤、储藏、切削、烹调、备餐等。一般厨房开间不小于 2.7m，面积不宜小于 10m$^2$。

（3）私密空间。

1）卧室。俗话说“春困、秋乏、夏打盹，睡不醒的冬三月”，这句名谚虽有调侃的意味，却也所言不虚，我们生命过程的 1/3 几乎都是在睡眠中度过的。卧室的主要功能即是人们休息睡眠的场所。卧室设计必须力求隐秘、恬静、舒适、便利、健康，在此基础上寻求温馨氛围与优美格调，充分释放自我，求得居住者的身心愉悦。卧室是私密性很强的空间，其设计可完全依从房主的意愿，不必像客厅等公共空间一样，顾忌客人的看法而使设计受到拘束。

根据卧室中的不同使用功能的需求，可对卧室空间进行以下分区：睡眠区、更衣区、化妆区、休闲区、读写区、卫生区。

主卧室、老人房、子女房、客房的设计要求如下。

a. 主卧室要求朝南，开敞明亮。面宽 3.9m 以上，面积不宜小于 18m$^2$。宜有低窗台大窗，以利于享受大视野的景观和充足的光照。

b. 老人房要求朝南，阳光充足，面积在 15m$^2$ 以上。尽量布置在靠近卫生间的位置。

c. 子女房要求按照子女的实际年龄展开设计，面积在 12m$^2$ 以上。

d. 客房宜设置在一楼，与客厅等公共活动空间安排在一起，形成动静分区，面积在 12m$^2$ 以上。

2）书房。书房是供阅读、书写、工作和密谈的空间，其功能较为单一，但对环境的要求较高。书房的设置首先要安静，其次要考虑到朝向、采光、景观、私密性等多项要求。书房多设在采光充足的南向、东南向或西南向，要有良好的采光和视觉环境，使主人能保持轻松愉快的心态。

书房的使用功能包括阅读、书写、会客等。书房要求私密、安静、对外通信方便，至少有一个完整墙面能布置书架。书房到楼上的行走路线最好避免与客厅区域的视线交叉，保持安静，面积在 10m$^2$ 以上。

3）卫浴间。卫浴间是家中最隐秘的一个地方，是每个人生活中不可缺少的一部分，也是人们缓解生活压力、舒展疲惫身心的重要场所。

一个标准的卫浴间的卫生设备一般由三大部分组成：洗脸设备、便器设备、淋浴设备。这三大设备应按从低到高的基本原则进行布置，即从浴室门口开始，最理想的是洗手台向着卫浴间的门口，坐厕紧靠其侧，把淋浴间设置在最内端。卫浴间最好能做到“干湿分离”，也就是合理地把洗浴和坐厕分离，使两者互不干扰。卫浴间的装修应以舒适、防水防潮以及地面防滑为主，饰面材料及卫生洁具等选择以无碍健康为准则，质地色彩要给人光洁且柔和的感觉。随着卫浴设备的发展，卫浴间的大型化、多功能化、智能化的进程得到了加速，卫浴间的面积越来越大，可以边洗浴边看电视、听音乐甚至还可以健身等。

（4）服务性空间。

1）车库。车库是一般别墅设计中必不可少的内容。出于人车分流的考虑，车库应设有单独的出入口，避免人车交叉。家用轿车的车库开间最小为 3m，进深 5.5 ~ 6m，净高不小于 2m。外门采用遥控卷帘或翻板成品门，外门内侧设可套接洗车皮管的水嘴和小水斗；内门通向玄关或服务区域。

2）储藏间。利用坡顶屋面和楼梯下方空间，可设置进入式储藏室。进入式储藏室比一般壁橱储存量大且取存方便，面积控制在 3 ~ 6m$^2$。

3）佣人房。一般在别墅里都设有佣人房。面积能容得下一床一桌即可，应有直接采光，室内应配有衣柜，有条件的可套入一个 2m$^2$ 左右的小厕所。佣人房应布置在靠近后门和服务区域，避免行走路线穿越客厅和餐厅。

（5）室外空间。室外空间是人们户外活动的场所，也是别墅与城市公共空间的过渡，是别墅区别于其他类型住宅最显著的方面之一。庭院显示了主人的个性与品位，其中对硬软质景观的设计与应用可以充分营造出与大自然浑然天成的景观效果，家庭成员在庭院中娱乐、休憩、散步等活动都将得以充分的发挥（图 1–6）。

图 1-6　帽儿山别墅庭院设计

## 四、项目检查表

<table>
<tr><th colspan="7">项目检查表</th></tr>
<tr><td>实践项目</td><td colspan="6">别墅总体设计项目</td></tr>
<tr><td>子项目</td><td colspan="2">别墅总括方案设计</td><td colspan="2">工作任务</td><td colspan="2">别墅室内功能分析</td></tr>
<tr><td colspan="3">检查学时</td><td colspan="4">0.5</td></tr>
<tr><td>序号</td><td colspan="2">检查项目</td><td>检查标准</td><td colspan="2">组内互查</td><td>教师检查</td></tr>
<tr><td>1</td><td colspan="2">别墅现场尺寸复原图（CAD原始平面图）</td><td>是否详细、准确</td><td colspan="2"></td><td></td></tr>
<tr><td>2</td><td colspan="2">别墅设计资料收集</td><td>是否齐全</td><td colspan="2"></td><td></td></tr>
<tr><td>3</td><td colspan="2">别墅平面规划草图</td><td>是否合理</td><td colspan="2"></td><td></td></tr>
<tr><td>4</td><td colspan="2">别墅设计构思</td><td>是否具有创意性、可实施性</td><td colspan="2"></td><td></td></tr>
<tr><td rowspan="4">检查评价</td><td>班　　级</td><td colspan="2"></td><td>第　　组</td><td>组长签字</td><td></td></tr>
<tr><td>小组成员签字</td><td colspan="5"></td></tr>
<tr><td colspan="6">评语：</td></tr>
<tr><td>教师签字</td><td colspan="2"></td><td colspan="2">日期</td><td></td></tr>
</table>

## 五、项目评价表

| 项目评价表 | | | | | | |
|---|---|---|---|---|---|---|
| 实践项目 | 别墅总体设计项目 | | | | | |
| 子项目 | 别墅总括方案设计 | | 工作任务 | | 别墅室内功能分析 | |
| 评价学时 | | | 1 | | | |
| 考核项目 | 考核内容及要求 | 分值 | 学生自评<br>10% | 小组评分<br>20% | 教师评分<br>70% | 实得分 |
| 设计方案 | 方案合理性、创新性、完整性 | 50 | | | | |
| 方案表达 | 设计理念表达 | 15 | | | | |
| 完成时间 | 3课时时间内完成，每超时5分钟扣1分 | 15 | | | | |
| 小组合作 | 能够独立完成任务得满分<br>在组内成员帮助下完成得15分 | 20 | | | | |
| 总分 | | 100 | | | | |
| 项目评价 | 班　级 | | 姓　名 | | 学号 | |
| | 第　组 | 组长签字 | | | | |
| | 评语： | | | | | |
| | 教师签字 | | | 日期 | | |

## 六、项目总结

别墅的总括方案设计是着手进行方案设计的第一步，这个阶段主要是在前期项目调研的基础上，分析有关资料和信息，对设计方案总体考虑，通过空间的规划，确定方案设计的大方向，包括别墅的设计风格、空间人流动线组成、功能区域划分、色彩、材质及造型的初步确定等。总括方案设计对后面的具体设计有重要的指导作用，只有整体的方案确定了，才能进行深入的设计，后续的工作才能顺利进行。

## 七、项目实训

（1）用AutoCAD软件复原现场，测量建筑空间尺寸。

（2）进行别墅平面规划。

（3）别墅总体空间设计方案策划与功能分析。

## 八、参考资料

### （一）图书资料

（1）李贺楠. 别墅建筑课程设计. 南京：江苏人民出版社，2013.

（2）张绮曼，郑曙旸. 室内设计资料集. 北京：中国建筑工业出版社，1991.

### （二）网络资料

百度百科 http://baike.baidu.com/。

# 项目二　别墅常规空间设计

| 别墅常规空间设计实施计划表 | |
|---|---|
| 一、项目导入 | |
| （一）项目名称 | 别墅常规空间设计 |
| （二）项目背景 | 此项目为别墅常规空间设计项目（别墅常规空间设计根据实际项目拟定），位于市郊的两层别墅建筑，别墅建筑内部面积约为 320m$^2$，一层净高 3.8m，二层净高 4.5m，根据别墅特点完成室内装饰方案设计（结合此案例，在此基础上重新进行别墅设计） |
| （三）项目图纸 | 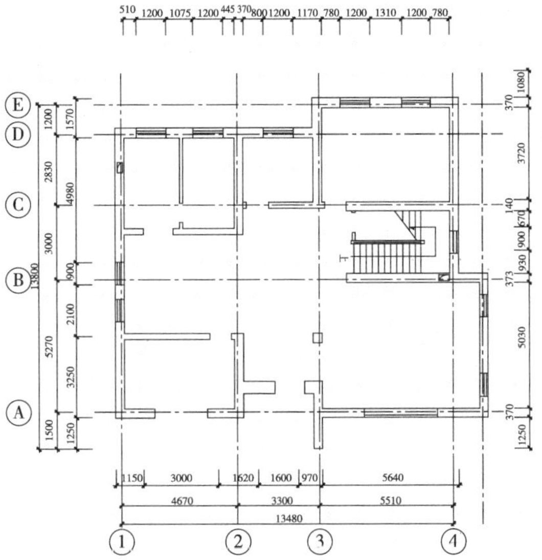 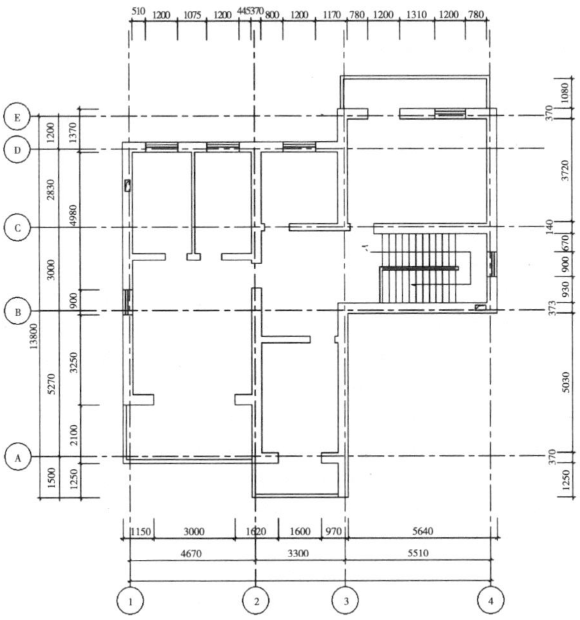 |

<table>
<tr><td colspan="2">二、项目分析</td></tr>
<tr><td>（一）设计要求</td><td>1. 风格定位：设计要根据该别墅的特点和风格进行定位，装修以中高档为主。<br>2. 功能设计：功能划分要考虑别墅功能划分的特点，合理安排功能分区、室内设施、室外庭院、通道的区域，符合防火、安全标准。<br>3. 考虑建筑本身的通风、水暖、电气的位置和走向，考虑建筑结构。<br>4. 建筑主体的改动要符合建筑规范</td></tr>
<tr><td>（二）项目成果要求</td><td>1. 手绘草图：别墅平面布置草图 1 张、立面设计草图 1 ~ 3 张、透视草图 1 ~ 2 张（A4 幅面）。<br>2. 电脑施工图：别墅平面布置图 1 张、天棚平面图 1 张、地面铺装图 1 张、立面图 1 ~ 3 张、节点图 1 ~ 2 张（A3 幅面）。<br>3. 电脑效果图：别墅室内不同视角效果图 4 张（A3 幅面）</td></tr>
<tr><td>（三）项目实施要求</td><td>1. 要求学生分组合作，自主完成，作品要有自己的创意。<br>（1）班级分组，以团队合作的形式共同完成项目，建议 4 ~ 6 人为一组，每个小组选出 1 名组长，负责项目任务的组织与协调，带领小组完成项目。小组成员需要独立完成各自分配的任务，并保证设计方案的整体性。<br>（2）每个小组完成最为完善的设计方案，并制作整套图纸。选出 1 名组员负责方案的讲解和答辩。<br>2. 建筑结构、辅助设施在符合建筑规范的基础上进行有限度的改动。<br>3. 布局和功能合理，设计风格符合企业特点。<br>4. 手绘草图结构准确、设计思路表达清楚；电脑效果图构图完整、比例关系准确、场景表现效果良好；施工图符合制图规范要求，尺寸标注清晰准确，材料标注详细、使用合理</td></tr>
<tr><td colspan="2">三、项目考核方式</td></tr>
<tr><td colspan="2">1. 过程考核。通过小组成员在实训过程的态度表现，进行考核评分，包括出勤情况、完成任务的效率和质量、团队合作的情况等。这部分分值占总分的 40%。<br>2. 成果考核。对学生在实训中完成的整套项目成果进行考核，包括任务完成的作品质量、方案陈述的情况等。这部分分值占总分的 50%。<br>3. 综合评价考核。在学生最终作品完成后，邀请合作企业的相关人员，如设计师、工程技术人员与专业评价教师团成员，以行业企业的标准对学生的作品进行综合评价。这部分分值占总分的 10%</td></tr>
<tr><td colspan="2">四、学习总目标</td></tr>
<tr><td colspan="2">知识目标：掌握别墅设计基本概念、室内设计程序和设计方法<br>能力目标：培养学生别墅室内空间设计能力、电脑效果图和施工图绘制能力、设计表现能力<br>素质目标：培养学生团队合作能力、设计创新能力、语言表达与沟通能力</td></tr>
<tr><td colspan="2">五、项目实施内容</td></tr>
<tr><td>子项目 1　别墅客厅设计</td><td>8 课时</td></tr>
<tr><td>子项目 2　别墅卧室设计</td><td>8 课时</td></tr>
<tr><td>子项目 3　别墅书房设计</td><td>8 课时</td></tr>
</table>

# 子项目1　别墅客厅设计

## 一、学习目标

### （一）知识目标

（1）熟悉别墅客厅设计方案策划流程。

（2）掌握别墅客厅设计人体尺度。

（3）掌握别墅客厅设计方法。

### （二）能力目标

（1）培养学生资料收集、分析、整合能力。

（2）培养学生方案策划能力。

### （三）素质目标

（1）培养学生团队合作意识。

（2）培养学生表达设计意图的方式。

（3）培养学生的创造性思维。

## 二、项目实施步骤

### （一）根据现场测量尺寸绘制原始平面图

根据现场勘测的图纸和尺寸数据，用AutoCAD软件按1∶1的比例绘制别墅建筑的原始平面图，作为方案设计的基准图纸。

### （二）制定初步设计方案

根据前期的现场勘测、客户调查、市场调查和原始平面图纸，收集相关设计参考资料，初步制定空间平面规划方案，制定风格、色彩、材料、家具等样式。

简明扼要地在图纸上体现功能空间在建筑中的大概位置和相互间的程序关系。确定室内各空间功能在建筑空间中的位置，简单划分主次关系、动静区域，注意人流关系和采光效果。

### （三）绘制别墅客厅设计平面规划草图

根据初步的设计方案，对别墅设计的平面布局进行总体规划，确定别墅客厅各组成要素大致的位置。

进一步划分墙体隔断，逐步融合基本空间尺寸和尺度，使其符合功能化的布局。进一步分析各功能空间之间的逻辑关系，简单设想空间细部的处理方式。注意墙与空间之间的关系，使墙与空间的关系达到几何美学的要求，形成视觉上的美观。

## 三、知识链接

### （一）别墅设计与普通住宅设计的区别

别墅因为其独特的建筑特点，它的设计与一般的居家住宅设计有着明显的区别。别墅设计不但要进行室内的设计，而且要进行室外的设计，这是和普通住宅设计的最大区别。同时要做好室内设计和室外设计的融合。因为设计的空间范围大大增加，所以在别墅的设计中，需要注重的是整体效果。

别墅一般有两种类型：一是住宅型别墅，大多建造在城市郊区附近，或独立或群体，环境幽雅恬静，有花园绿地，交通便捷，便于上下班；二是休闲型别墅，建造在人口稀少、风景优美、山清水秀的风景区，供周末或假期度假、消遣、疗养或避暑之用。

别墅一般造型雅致美观，庭院视野宽阔，花园树茂草盛，有较大绿地；内部设计得体，厅大房多，装修精致高雅，厨卫设备齐全，通风采光良好；还有附属的汽车间、门房间、花棚等。社区型的别墅大都是整体开发建造的，整个别墅区有数十幢独门独户别墅住宅，区内公共设施完备，有中心花园、水池绿地，还设有健身房、文化娱乐场所以及购物场所等。

别墅设计的重点是对功能和风格的把握。别墅设计与一般满足居住功能的公寓设计是不一样的。别墅有健身房、娱乐房、洽谈室、书房，客厅还有主、次、小客厅之分等。别墅设计首先应以理解别墅居住群体的生活方式为前提，才能够真正将空间功能划分到位。

别墅设计要注意室外花园与室内环境的互相呼应和融合。室外花园要做到“移步异景”、“四季皆有景”，依据花园的大小和业主的喜好做一些个性化的设计，比如泳池、鱼塘、葡萄架，甚至曲径、亭台，然后种些养眼的花木。使私家花园无论走到哪个区域都有景可看，一年四季都充满生机与活力。室内要充分运用借景手法，把室外作为室内环境的延伸。

对于别墅来说，设计过程牵涉很多内容，包括取暖、通风、供热、中央空调、安防以及大量的设备，而且由于面积大、空间穿插交错复杂，水电设计要考虑得周到科学，注意主光源、辅助光源、艺术点光源的合理配置以及楼层间照明的双回路控制等。

后期合理的配饰会起到画龙点睛的功效，看似不经意的一幅画、一盆花、一个陶瓷、一尊雕塑，都与周围的环境相互融合、和谐共鸣。

### （二）别墅客厅设计概念

在别墅和中、高档住宅中，起居室或客厅是家庭的“门面”，显示户主的身份与文化。

面积不大的别墅和住宅，起居室与客厅是合一的，统称为生活起居室（Living room），作为家庭活动的客厅及会客交往空间。中档以上的别墅或住宅往往设有两套日常活动的空间，一套作为会客和家庭活动的客厅（Fathering room），一套作为家庭内部生活聚会的空间——家庭起居室（Family room）。

客厅或生活起居室应有充裕的空间、良好的朝向。独院住宅客厅应朝向花园，并力求使室内外环境相互渗透（图 2–1、图 2–2）。

图 2–1　别墅客厅设计

图 2–2　别墅起居室设计

### （三）别墅设计的风格

别墅风格的选择，不仅取决于业主的喜好，还取决于业主生活的性质。有的别墅是作为日常居住，有的则是第二居所。作为日常居住的别墅，首先要考虑到日常生活的功能，不能太艺术化、乡村化，应多一些实用功能。而度假性质的别墅，则可以相对多元化一点，可以营造一种与日常居家不同的感觉。别墅毕竟是个舶来品，现在别墅的外观基本上都是欧式的，所以室内做成现代简约风格或者欧陆风情的很多，也比较讨巧，像经典巴洛克风格、哥特风格是用得最多的，能让别墅内外都非常协调统一。当然也有业主喜欢传统中式风格的，但聪明的设计师通常会建议他做成中西结合的新古典主义。纯中式的设计风格对于现代人来说似乎太过于死板，但一旦把中国古典主义与现代简约风格、传统欧式风格充分融合、取长补短，将古典之风用现代的方式演绎，又不脱离实用的功能，这样有文化底蕴的设计才会散发恒久之美。别墅设计风格类型比较多，在设计中，必须了解自己所设计的别墅建筑风格和特点并且结合业主的生活习惯、性格爱好、职业等信息，才能有针对性地设计，提高设计效率（图 2–3、图 2–4）。

图 2–5 是一款欧式风格的别墅客厅装修效果。典型的欧式风格特有的元素在此大量运用，富丽堂皇的金色客厅、舒适柔软的皮质沙发、别致的拱门突显欧洲风情，沉稳大气的欧式家具彰显出主人品位的高端。

图 2–6、图 2–7 是中式别墅客厅效果图。以柔和淡雅的浅灰色及米黄色地砖、地毯为主，搭配上极富中国

图 2-3　别墅一层客厅设计方案

图 2-4　别墅一层起居室设计方案

图 2-5　别墅室内空间效果

图 2-6　中式别墅客厅（一）

图 2-7　中式别墅客厅（二）

特色的兰花水墨装饰画、古色古香的实木家具，沉稳大气的设计，在保证美观性的基础上还十分注重舒适性——以人体工程学为原理的实木家具尺度设计。浑厚的书香之气在这个典雅端庄的中式别墅客厅中回荡，魅力十足。

图 2-8 和图 2-9 是美式风格的别墅客厅，深色家具、家饰的运用，米灰色调的墙壁装饰，古典繁复的布艺窗帘，整体给人以温馨、厚重的触感。齐备的客厅家具设计与舒适的家具材质更是这款美式古典客厅最显著的特质，厚重的设计及多重元素之间的完美融合，为我们营造出一个内涵极为丰富的别墅客厅。

图 2-8　美式别墅客厅（一）

图 2-9　美式别墅客厅（二）

传统欧式一直以豪华大气吸引人的眼球，但同时其复杂的做工和装饰却不太适合当代人的生活需求，因此人们喜欢将其简单化，也就是我们常说的简欧风格（Jane European style），这种风格是“最生活”的，既有传统欧式的内涵，又汲取了现代生活的随意性。

欧式风格的表现，并不是简单元素的堆砌，而是要把握细节，讲究惬意和浪漫，通过完美的点线及整体效果的和谐处理，加上后期软装的搭配，让整个家处处散发欧式的味道（图 2-10）。

与沉稳大气的中式别墅客厅相比，简欧风格的别墅客厅少了一丝拘谨，多了一些随性。这款简欧风格的别墅客厅设计便是如此：简约大气的客厅家具造型、舒适柔软的家具材质、强烈的家具色彩对比、充满了现代时尚感的家具组合及欧式风格中特有的图饰造型，使人感觉到简约奢华的同时又不失大气时尚（图 2-11）。

图 2-10　简欧风格别墅设计

图 2-11 简欧风格别墅客厅设计

在极简风盛行的现代，一款现代风格的别墅客厅自然是不可或缺的。其最显著的特点便是家具造型的简约、独特性。因地制宜的客厅家具造型，不同家具材质、颜色之间的强烈对比，既有冲突又有融合，在保持客厅整体设计美观性的同时还注重客厅家具设计的舒适性。合理的空间布局、现代简约的设计风格，给人以闲适轻松的视觉及心理感受，是现代简约风格别墅客厅装修的经典案例之一（图 2-12、图 2-13）。

图 2-12 现代风格别墅客厅设计（一）

图 2-13 现代风格别墅客厅设计（二）

精致小巧的家具造型、柔软舒适的布艺沙发与极富田园气息的碎花图饰，这些无一不是田园风格客厅装修的典型特质。不同层次感的灯具设计更是为客厅营造出不同层次的空间效果（图 2-14、图 2-15）。

图 2-14 田园风格别墅客厅（一）

图 2-15 田园风格别墅客厅（二）

（四）别墅客厅设计的基本原则

1. 功能性

别墅客厅的主要功能，同时兼有室内会客、休闲活动等功能，根据别墅规模大小，对其使用功能有三种组合：①客厅、起居室、餐厅各自独立；②客厅兼顾起居室；③客厅兼顾起居室和餐厅。

2. 整体性

别墅设计为了凸显建筑特点，在装修上需要强调整体感，可以做引导性的设计，别墅各部分的设计在选材、色彩、风格和照明等方面都需要一致性，共同营造别墅室内外的空间气氛，突出别墅特征。基本功能空间使用面积大致百分比如下：

（1）起居间 40%，其中客厅 20%、餐厅 6%、家庭室 8%、楼梯 6%。

（2）卧室 30%，其中主卧室 10% ~ 12%、卧室（或客卧室）9% ~ 10%。

（3）厨房占 3.5%；卫生间（厕所）10%，其中公厕和私厕可各按 3%，依实际情况另行调节。

（4）其他房间（包括专业房、车库）占 16.5%，依实际情况取舍。

别墅客厅是别墅建筑房间中占用空间最大的房间，它要求有较大的透光性和较好的通风效果，并且在视觉上能够直接摄取外景，因此其平面位置必须最少有一面与外墙连接。依此其平面布置可以归纳为三种，即居中布置、居南（北）半边布置、偏侧边布置（图 2-16）。

图 2-16 别墅客厅

3. 艺术审美性

设计的出发点源于美学，别墅客厅设计需要满足特定人群的审美需要，从而营造良好的居住氛围，给业主带来美好的感受。别墅的环境不仅要在物质层面上满足业主实用度及舒适度的要求，同时还要最大程度地与视觉审美方面的要求相结合（图 2-17、图 2-18）。

图 2-17 别墅客厅设计方案

图 2-18　别墅起居室设计方案

4. 环保性

现代社会对节能和环保越来越重视，健康、自然、节能、绿色、生态的趋势也影响到建筑装饰行业。尊重自然、保护环境已成为设计理念之一。别墅客厅设计使用低污染、可回收、可重复使用的材料，采用低噪音、低污染的装修手法，低能耗的施工工艺，装修后的环境能够符合国家标准，确保装修后的房间不对人体健康产生危害。

5. 创新性

设计创新是别墅设计的一个重要原则，特别是在市郊，富有创意的设计是别墅得以脱颖而出，从而吸引业主的重要条件。客厅是别墅设计的点睛之处，应同时兼顾艺术性与经济性，结合技术创新，在空间限制中实现空间创造（图 2-19）。

图 2-19　别墅客厅设计

（五）别墅客厅设计要点

1. 空间最高化

别墅客厅是家居中最主要的公共活动空间，不管是否做人工吊顶，都必须确保一定的高度。通常，客厅的净高应是整个家居空间中净高最大的（楼梯间除外）。顶部拉伸了层高，能使得整个空间显得更空旷、大气（图 2-20）。

图 2-20　别墅室内设计（一）

2. 空间宽敞化

客厅的设计中，制造宽敞的感觉非常重要，宽敞的感觉给人带来轻松的心境和欢愉的心情。令客厅宽敞的方法有很多，选择简约的风格、尽量少放置家具、使用浅色的主色调等都可以实现，还有一个方法是使用大面积的落地玻璃窗。之前提到了别墅客厅要实现空间最高化，相应的窗的高度也会比一般高很多，因此对窗帘会有所要求，这一点在设计时要注意。窗帘与墙体以及整体设计都能较好地融合，上层窗帘对电机系统的要求较高，因为要遥控升降以及帘片的开合，必须选择质量优越的品牌（图 2-21）。

图 2-21　别墅室内设计（二）

3. 照明最亮化

别墅客厅应是整个居室光线最亮的地方，因此不管是自然采光还是人工采光都要充分考虑好。但保持照明最亮化不代表要时刻让客厅的光线达到最亮化，在不同的时间段、在不同的需求下，对光线的要求都不同，因此在进行室内设计时也要考虑日后对光线的控制。

（六）别墅客厅设计尺度

客厅是接待亲朋好友和对外来访的活动场所，是展示主人风格和气派的空间，因此其空间，既要显得大气舒展，又要显得和谐温馨。空间过大会显得分散和没有热情感，空间过小又会显得拥挤和局促。客厅尺寸由平面尺寸和客厅高度组成。

1. 别墅客厅的尺度

客厅平面形状一般为矩形或矩形带部分弧形，但其基本轮廓还是按矩形确定长宽尺寸。客厅的平面尺寸要满足客厅家具布置、影视娱乐布置、进出人流布置和盆景饰物布置等。客厅家具包括沙发、茶几、电视柜、电话架、花架、柜式空调机等。其参考尺寸为：人流布置单行宽度为600mm，双行宽度为1200mm。

起居室是供家庭成员聚集、娱乐、休闲和健身的空间，其空间尺寸一般要小于客厅，以创造和谐温馨的气氛。起居室平面形状可为矩形或方形，室内家具一般为沙发、茶几、电视柜、柜式空调机等。一般平面尺寸，短边（宽度）最少要不小于3m，最大者以不超过6m为宜。空间高度可参考客厅高度，或稍低于客厅高。

别墅客厅中的人体尺度，主要是人体和家具的尺度关系、人体和室内空间的尺度关系。空间和家具的尺度是以人的高度和局部尺寸为依据的（图2-22）。

2. 别墅客厅的家具尺寸

（1）沙发。

沙发尺寸见表2-1。

图2-22　别墅室内家具与通道尺寸

表 2-1　沙发尺寸

单位：mm

<table>
<tr><th>类型</th><th>厚度</th><th>坐高</th><th>背高</th><th>长</th></tr>
<tr><td>单人式</td><td rowspan="4">80 ~ 90</td><td rowspan="4">350 ~ 420</td><td rowspan="4">700 ~ 900</td><td>800 ~ 900</td></tr>
<tr><td>双人式</td><td>1260 ~ 1500</td></tr>
<tr><td>三人式</td><td>1750 ~ 1960</td></tr>
<tr><td>四人式</td><td>2320 ~ 2520</td></tr>
</table>

（2）茶几。

茶几尺寸见表 2-2。

表 2-2　茶几尺寸

单位：mm

<table>
<tr><th>类型</th><th>长</th><th>宽</th><th>高</th><th>直径</th></tr>
<tr><td>小型长方</td><td>600 ~ 750</td><td>450 ~ 600</td><td>330 ~ 420</td><td>—</td></tr>
<tr><td>大型长方</td><td>1500 ~ 1800</td><td>600 ~ 800</td><td>330 ~ 420</td><td>—</td></tr>
<tr><td>圆形</td><td colspan="2">—</td><td>330 ~ 420</td><td>750/900/1050/1200</td></tr>
<tr><td>正方形</td><td colspan="2">750/900/1050/1200/<br>1350/1500</td><td>330 ~ 420</td><td>—</td></tr>
</table>

## 四、项目检查表

<table>
<tr><th colspan="7">项目检查表</th></tr>
<tr><td>实践项目</td><td colspan="6">别墅常规空间设计项目</td></tr>
<tr><td>子项目</td><td colspan="2">别墅客厅设计</td><td>工作任务</td><td colspan="3">别墅客厅空间规划</td></tr>
<tr><td colspan="3">检查学时</td><td colspan="4">0.5</td></tr>
<tr><td>序号</td><td>检查项目</td><td>检查标准</td><td colspan="2">组内互查</td><td colspan="2">教师检查</td></tr>
<tr><td>1</td><td>别墅客厅设计现场尺寸复原图（CAD 原始平面图）</td><td>是否详细、准确</td><td colspan="2"></td><td colspan="2"></td></tr>
<tr><td>2</td><td>别墅客厅设计资料收集</td><td>是否齐全</td><td colspan="2"></td><td colspan="2"></td></tr>
<tr><td>3</td><td>别墅客厅设计平面规划草图</td><td>是否合理</td><td colspan="2"></td><td colspan="2"></td></tr>
<tr><td>4</td><td>别墅客厅设计构思</td><td>是否具有创意性、<br>可实施性</td><td colspan="2"></td><td colspan="2"></td></tr>
<tr><td rowspan="4">检查评价</td><td>班　　级</td><td colspan="2"></td><td>第　　组</td><td>组长签字</td><td></td></tr>
<tr><td>小组成员签字</td><td colspan="5"></td></tr>
<tr><td colspan="6">评语：</td></tr>
<tr><td>教师签字</td><td colspan="2"></td><td>日期</td><td colspan="2"></td></tr>
</table>

## 五、项目评价表

<table>
<tr><th colspan="7">项目评价表</th></tr>
<tr><td>实践项目</td><td colspan="6">别墅常规空间设计项目</td></tr>
<tr><td>子项目</td><td colspan="2">别墅客厅设计</td><td colspan="2">工作任务</td><td colspan="2">别墅客厅空间规划</td></tr>
<tr><td colspan="3">评价学时</td><td colspan="4">1</td></tr>
<tr><td>考核项目</td><td>考核内容及要求</td><td>分值</td><td>学生自评<br>10%</td><td>小组评分<br>20%</td><td>教师评分<br>70%</td><td>实得分</td></tr>
<tr><td>设计方案</td><td>方案合理性、创新性、完整性</td><td>50</td><td></td><td></td><td></td><td></td></tr>
<tr><td>方案表达</td><td>设计理念表达</td><td>15</td><td></td><td></td><td></td><td></td></tr>
<tr><td>完成时间</td><td>3 课时时间内完成，每超时 5 分钟扣 1 分</td><td>15</td><td></td><td></td><td></td><td></td></tr>
<tr><td rowspan="2">小组合作</td><td>能够独立完成任务得满分</td><td rowspan="2">20</td><td></td><td></td><td></td><td></td></tr>
<tr><td>在组内成员帮助下完成得 15 分</td><td></td><td></td><td></td><td></td></tr>
<tr><td colspan="2">总分</td><td>100</td><td></td><td></td><td></td><td></td></tr>
<tr><td rowspan="4">项目评价</td><td>班　级</td><td colspan="2"></td><td>姓　名</td><td>学号</td><td></td></tr>
<tr><td>第　组</td><td colspan="2">组长签字</td><td colspan="3"></td></tr>
<tr><td colspan="6">评语：</td></tr>
<tr><td>教师签字</td><td colspan="2"></td><td>日期</td><td colspan="2"></td></tr>
</table>

## 六、项目总结

别墅客厅设计是着手进行别墅各组成空间方案设计的第一步，这个阶段主要是在前期项目调研的基础上，分析有关资料和信息，对别墅设计方案的总体考虑。通过空间的规划，确定别墅客厅方案设计的大方向，包括别墅客厅的设计风格、空间人流动线组成、功能区域划分、色彩、材质及造型的初步确定等。别墅客厅方案设计对后面的具体设计有重要的指导作用。

## 七、项目实训

（1）用 AutoCAD 软件复原现场，测量建筑空间尺寸。

（2）进行别墅客厅平面规划。

（3）别墅客厅空间设计方案策划。

## 八、参考资料

### （一）图书资料

（1）杨小军 . 别墅设计 . 北京：中国水利水电出版社，2010.

（2）李贺楠 . 别墅建筑课程设计 . 南京：江苏人民出版社，2013.

（3）张绮曼 . 室内设计资料集 2. 北京：中国建筑工业出版社，1999.

### （二）网络资料

百装网 http//www.100zhuang.com/。

# 子项目 2　别墅卧室设计

## 一、学习目标

### （一）知识目标

（1）掌握别墅卧室设计方法。

（2）掌握别墅卧室设计施工图绘制方法。

（3）掌握别墅卧室设计效果图表现方法。

### （二）能力目标

（1）培养学生方案分析能力。

（2）培养学生方案手绘表现能力。

（3）培养学生计算机施工图绘制能力。

（4）培养学生计算机效果图绘制能力。

### （三）素质目标

（1）培养学生团队合作意识。

（2）培养学生表达设计意图的方式。

（3）培养学生的创造性思维。

## 二、项目实施步骤

### （一）方案草图绘制

结合别墅室内设计方案，确定别墅卧室设计方案，用手绘快速表现的方式表现出来，表达卧室与周围环境、与别墅室内的关系，并作为计算机施工图和计算机效果图制作的依据。

### （二）计算机施工图绘制

依照现场的原始图及设计方案草图，绘制别墅卧室的立面图、施工节点图等。

### （三）计算机效果图绘制

在 3ds Max 里导入平面图，根据设计方案，选取合适的角度，制作别墅卧室计算机效果图。

## 三、知识链接

### （一）别墅卧室设计概念

别墅卧室是满足休息睡眠的地方，设计应该安静、温馨一些，无论是选材、色彩还是物品的摆设，都要精心设计。

别墅的卧室主要有主卧室和次卧室，随着规模和档次的提高，相应增设佣人房、客房等。大多数别墅设有 3 ~ 4 间卧室。如住宅是二层楼房，则卧室多设于二楼。佣人房则宜在一层并与厨房靠近或连通。无论是否有佣人，在条件允许时，底层至少设一间卧室，既可作为客房，也可供家庭中老人或其他成员上楼不方便时使用（图 2-23、图 2-24）。

图 2-23　别墅客人卧室

图 2-24　别墅老人卧室

除了客厅、起居室之外，别墅或住宅的档次主要还应反映在主人卧室上。主卧室的面积自然应比较宽裕，有条件还应在卧室中增加起居空间。主卧室一般应有独立的、设施完善的卫生间（一般为坐式便池、洗脸台、淋浴器及浴盆四件基本设备）。主卧室的卫生间装修也比较豪华，高档的常用大理石装修墙面和浴盆的四周，也常采用冲浪按摩浴盆。高档的卫生间宽敞舒适，内部布置高贵而雅致。浴室应力求自然采光，有的采用天窗采光，有些人还喜欢将浴池布置在可以看到外景的地方。一层的浴室，窗子应开向私人的内院（图 2–25、图 2–26）。

图 2–25　别墅主卧室（一）

图 2–26　别墅主卧室（二）

别墅的盥洗室内往往设置化妆台，有的布置两个洗脸盆，夫妇可以同时使用。

主卧室还应有较多的衣橱或衣柜，大型的衣橱像一个小房间，人可以进去操作或更衣，故称为进入式衣橱。

次卧室可以两个或三个室合用一个卫生间，为了提高卫生间的使用效率，还可以将浴盆、脸盆和厕所分隔成三个空间，同时供三个人使用。日本人大多喜欢采用以上方式，有时主人房也不单设卫生间，而是全家合用一套分隔式的卫生间，既经济又实用。

别墅的客房应有独立的卫生间，其中应有浴盆、洗脸盆、坐便器。佣人房也应有独立的卫生间，一般设脸盆和坐便器，或者再加一个淋浴器，图 2–27 及图 2–28 为别墅主卧室的卫生间。

图 2–27　别墅主卧室卫生间

图 2–28　别墅主卧室（三）

### （二）别墅卧室设计与普通住宅卧室的区别

别墅的卧室根据使用对象分为：主卧室、次卧室、客卧、工人房等，其布置要求也略有区别。

1. 主卧室

主卧室是别墅主人夫妇使用的空间，是体现主人身份和气派的个性领域，在卧室群中，它要求空间最大，有好的自然通风和采光，并要求远离客厅和餐厅。因此，主卧室多布置在楼上朝向好的位置，分别占据二层、三层楼的位置（图 2–29）。

图 2-29　别墅主卧室（四）

2. 普通卧室

普通卧室也称为次卧室，是除主卧室之外，供家庭其他成员使用的卧室，根据家庭成员多少，一般要设置两三间，其空间除要求安静外，还应考虑方便、温馨及和谐气氛，一般要求在一层至少应布置一间，供佣人、老人或行动障碍者使用（图 2-30）。

图 2-30　别墅普通卧室

3. 客卧室

客卧室是供亲朋好友临时来访时就寝之处，多在规模较大的别墅中专门安排，一般对客卧空间没有特殊要求，只需满足便利舒适即可。工人房是为雇佣保姆护理等家庭所需，供佣人休息睡眠使用的空间，也是工作之余时休息的场所，所以一般布置在厨房、洗衣间等工作空间的近处。客卧和佣人房应该简洁、大方，房内具备完善的生活条件，即有床、衣柜及小型陈列台，但都应小型化、造型简单、色彩清爽。

4. 儿童房间

它与主卧最大的区别就在于设计上要保持相当程度的灵活性。儿童房间只要在区域上做一个大体的界定，分出大致的休息区、阅读区及衣物储藏区就足够了。色彩上吸引孩子是设计儿童房间的要点。儿童房间在装饰时应采用可以清洗及更换的材料，最适合装饰儿童房间的材料是防水漆和塑料板，而高级壁纸及薄木板等不宜使用（图 2-31、图 2-32）。

图 2-31　别墅儿童房间（一）

图 2-32　别墅儿童房间（二）

（三）别墅卧室设计的基本原则

1. 功能性

可采用地面铺地毯、外加厚实的窗帘吸挡部分噪音。也可采用双层玻璃或墙面作为书架，以丰富的藏书来隔音、吸音。卧室的材料最好选择吸音性、隔音性好点的材料，一般卧室不要选择硬冷的材料，如大理石、花岗石等都不适合用在卧室。卧室的窗帘要选择具有遮光性、防热性材质的。卧室是休息的地方，灯光要选择柔和一些的，卧室里最好能加入各种灯，如壁灯等，有条件的话也可以加入其他色彩的灯具。卧室的中心是床，因此卧室的装修风格、布局、色彩和装饰都要以床为中心。卧室的色彩也是根据个人喜好确定的，不过整体要以温馨淡雅的色调为主（图 2–33）。

图 2–33　别墅卧室效果

2. 细节要点

卧室是休息的地方，需要一个安谧的环境，因此功能越单一，居住就越舒适。现代生活中，功能单一的卧室已成为衡量生活质量高低的标准。功能单一并不仅满足于睡眠房，所以说，卧室要追求功能单一，但并不意味着仅满足于睡眠，围绕睡眠的其他辅助设施也不可缺。功能单一是指以休憩功能为主，因此除床之外，还需要增加其他辅助设施。在成人夫妇的卧室中，衣柜必不可少。无论是壁柜、衣柜还是进入式衣橱，柜门最好为推拉式的，以节省空间（图 2–34）。

图 2–34　别墅卧室进入式衣橱

别墅的主卧室一般都带卫浴间，这使人们的生活更便捷。卫浴间也可做成敞开式的，但最好能挂浴帘。

3. 环保性

卧室物品的摆放也有一定的讲究。比如现在好多人将电视、计算机等搬进卧室，可是这些家电工作时产生的电磁波会影响人们的睡眠。不要将卫生间设在卧室里，否则卫生间的湿气、异味就会进入卧室，从而影响人们休息甚至能引发一些过敏或者不良反应。同样因为湿气的原因，也不要在卧室养鱼。可以在卧室放一些有助于提升休息和睡眠质量的绿色植物，这样白天能净化空气，同时还能为卧室增添一些生机，调节人的情绪（图 2–35）。

图 2–35　别墅卧室中的绿色植物

## （四）别墅卧室设计要素

（1）卧室的地面应具备保暖性，一般宜采用中性或暖色调，材料有地板、地毯等。

（2）墙壁约有 1/3 的面积被家具所遮挡，而人的视觉除床头上部的空间外，主要集中在室内的家具上。因此墙壁的装饰宜简单些，床头上部的主体空间可设计一些个性化的装饰品，选材宜配合整体色调，烘托卧室气氛（图 2-36、图 2-37）。

图 2-36　别墅卧室床头设计（一）

图 2-37　别墅卧室床头设计（二）

（3）吊顶的形状、色彩是卧室装饰设计的重点之一，一般以简洁、淡雅、温馨的暖色系为好。

（4）色彩应以统一、和谐、淡雅为宜，对局部的原色搭配应慎重，稳重的色调较受欢迎，如绿色系活泼而富有朝气，粉红系欢快而柔美，蓝色系清凉浪漫，灰调或茶色系灵透雅致，黄色系热情中充满温馨气氛（图 2-38、图 2-39）。

图 2-38　美式田园风格卧室

图 2-39　地中海风格卧室

（5）卧室的灯光照明以温馨和暖的黄色为基调，床头上方可嵌筒灯或壁灯，也可在装饰柜中嵌筒灯，使室内更具浪漫舒适的温情（图 2-40、图 2-41）。

图 2-40　中式风格卧室照明设计（一）

图 2-41 中式风格卧室照明设计（二）

图 2-42 别墅卧室局部设计（一）

图 2-43 别墅卧室局部设计（二）

（6）卧室不宜太大，空间面积一般 15 ~ 20m² 就足够了，必备的家具有床、床头柜、更衣橱、低柜（电视柜）、梳妆台。如卧室里有卫浴室，则可以把梳妆区域安排在卫浴室里。卧室的窗帘一般应设计成一纱一帘，使室内环境更富有情调（图 2-42、图 2-43）。

（五）别墅卧室设计尺度

1. 床的尺寸（表 2-3）

表 2-3 床的尺寸 单位：mm

<table>
<tr><th>类型</th><th>长</th><th>宽</th><th>高</th><th>直径</th></tr>
<tr><td>单人床</td><td rowspan="2">1800/2000</td><td>900/1050/1200</td><td rowspan="3">350 ~ 450</td><td></td></tr>
<tr><td>双人床</td><td>1350/1500/1800/1200</td><td></td></tr>
<tr><td>圆床</td><td colspan="2"></td><td>1860/2125/2424</td></tr>
</table>

2. 柜子的尺寸（表 2-4）

表 2-4 柜子的尺寸 单位：mm

| 类型 | 厚 | 宽（单扇） | 高 |
|---|---|---|---|
| 矮柜 | 350 ~ 450 | 300 ~ 600 | 600 |
| 衣柜 | 600 ~ 650 | 400 ~ 650 | 2000 ~ 2200 |

## 四、项目检查表

| 项目检查表 | | | | |
|---|---|---|---|---|
| 实践项目 | 别墅常规空间设计项目 | | | |
| 子项目 | 别墅卧室设计 | 工作任务 | 别墅卧室方案草图、电脑施工图、电脑效果图制作 | |
| 检查学时 | | 0.5 | | |
| 序号 | 检查项目 | 检查标准 | 组内互查 | 教师检查 |
| 1 | 别墅卧室手绘方案草图 | 是否详细、准确 | | |
| 2 | 别墅卧室电脑施工图 | 是否齐全 | | |
| 3 | 别墅卧室电脑效果图 | 是否合理 | | |
| 检查评价 | 班　级 | | 第　组 | 组长签字 |
| | 小组成员签字 | | | |
| | 评语： | | | |
| | 教师签字 | | 日期 | |

## 五、项目评价表

| 项目评价表 | | | | | | |
|---|---|---|---|---|---|---|
| 实践项目 | 别墅常规空间设计项目 | | | | | |
| 子项目 | 别墅卧室设计 | 工作任务 | 别墅卧室方案草图、电脑施工图、电脑效果图制作 | | | |
| 评价学时 | | 1 | | | | |
| 考核项目 | 考核内容及要求 | 分值 | 学生自评 10% | 小组评分 20% | 教师评分 70% | 实得分 |
| 设计方案 | 方案合理性、创新性、完整性 | 50 | | | | |
| 方案表达 | 设计理念表达 | 15 | | | | |
| 完成时间 | 3 课时时间内完成，每超时 5 分钟扣 1 分 | 15 | | | | |
| 小组合作 | 能够独立完成任务得满分 | 20 | | | | |
| | 在组内成员帮助下完成得 15 分 | | | | | |
| 总分 | | 100 | | | | |
| 项目评价 | 班　级 | | 姓　名 | | 学号 | |
| | 第　组 | 组长签字 | | | | |
| | 评语： | | | | | |
| | 教师签字 | | 日期 | | | |

## 六、项目总结

别墅卧室设计是整个设计项目中的一个重要环节，也是进行别墅设计所必须掌握的知识和技能。对卧室设计方案总体考虑，通过空间的规划，确定方案设计的大方向，包括别墅卧室的设计风格，空间人流动线组成，功能区域划分，色彩、材质及造型的初步确定等。

## 七、项目实训

（1）用快速表现的方式手绘别墅卧室方案透视草图、平面布置图和立面图。

（2）用CAD绘制别墅卧室施工图，包括平面布置图、天棚平面图、墙立面图、道具详图、节点图。

（3）用3ds Max和VRay制作电脑效果图。

## 八、参考资料

### （一）图书资料

（1）张晓晶．住宅公寓·别墅．北京：机械工业出版社，2010.

（2）张绮曼．室内设计资料集2．北京：中国建筑工业出版社，1999.

（3）高钰．居住空间室内设计速查手册．北京：机械工业出版社，2009.

### （二）网络资料

（1）装修第一网 http://heb.zxdyw.com/。

（2）百度文库 http://wenku.baidu.com。

# 子项目3 别墅书房设计

## 一、学习目标

### （一）知识目标

（1）掌握别墅书房设计方法。

（2）掌握别墅书房设计面施工图绘制方法。

（3）掌握别墅书房设计效果图表现方法。

### （二）能力目标

（1）培养学生方案分析能力。

（2）培养学生方案手绘表现能力。

（3）培养学生计算机施工图绘制能力。

（4）培养学生计算机效果图绘制能力。

### （三）素质目标

（1）培养学生团队合作意识。

（2）培养学生表达设计意图的方式。

（3）培养学生的创造性思维。

## 二、项目实施步骤

### （一）方案草图绘制

结合别墅室内设计方案，确定别墅书房设计方案，用手绘快速表现的方式表现出来，表达书房与周围环境、与别墅室内的关系，并作为计算机施工图和计算机效果图制作的依据。

### （二）计算机施工图绘制

依照现场的原始图及设计方案草图，绘制别墅书房的立面图、施工节点图等。

### （三）计算机效果图绘制

在3ds Max里导入平面图，根据设计方案，选取合适的角度，制作别墅书房计算机效果图。

## 三、知识链接

### （一）别墅书房设计概念

书房是人们结束一天工作之后再次回到办公环境的一个场所，因此它既是办公室的延伸，又是家居生活的一部分。书房的双重性使其在家庭环境中处于一种独特的地位。

由于书房的特殊功能，它需要用一种较为严肃的气氛来烘托。当然，书房同时又是家庭环境的一部分，它需要与其他居室融为一体，更能透露出浓浓的生活气息。所以书房作为家庭办公室，就要求在突显个性的同时，融入办公环境的特性，让人在轻松自如的气氛中更投入地工作，更自由地休息。

书房由很多不同的设计元素组成，包括摆设、颜色、搭配、风格等，都能反映主人的性格、特点、眼光、个性。书房是别墅主人存书、学习和办公的地方，要求采光充分，通风效果要好。一般有一个大面积的开窗，以供主人学习、办公之余的休息放松（图2-44、图2-45）。

图2-44 别墅书房设计（一）

图2-45 别墅书房设计（二）

## （二）别墅书房设计与普通住宅书房的区别

别墅书房的面积通常要比普通住宅书房的面积大，除了满足业主的办公、学习需求，还有较大的存书空间，满足书籍阅览要求。也有将书房设计成开敞式，在距离书房较近处设计书房会客区（图 2-46、图 2-47）。

图 2-46　中式风格书房设计

图 2-47　别墅书房会客区设计（一）

## （三）别墅书房设计的基本原则

1. 功能性

看书写字要静，所以书房应尽量远离电视、音响，如无独立的房间，也应在卧室、客厅等地方用屏风、隔断、布帘等隔离出来。别墅书房装修时要选用那些隔音、吸音效果好的装饰材料：顶面可采用吸音石膏板吊顶；墙壁可采用亚光乳胶漆或装饰布；地面可采用吸音效果好的地毯；窗帘要选择较厚的材料，以阻隔窗外的噪音，或者选用双层中空玻璃窗（图 2-48、图 2-49）。

图 2-48　别墅书房设计（三）

图 2-49　别墅书房设计（四）

2. 照明设计

书房作为读书写字的场所，对于照明和采光的要求很高，因为眼睛在过强或过弱的光线中工作，都容易产生疲劳和不适，所以写字台最好放在阳光充足但不直射的窗边，这样在长时间工作时还可凭窗远眺，休息眼睛。写字台上一定要有台灯，但要注意台灯的光线应均匀地照射，不宜离人太近，以免强光刺眼。长臂台灯可调节距离，特别适合书房照明，书柜里面最好有射灯，以便于查找书籍（图 2-50、图 2-51）。

图 2–50 别墅书房照明设计（一）

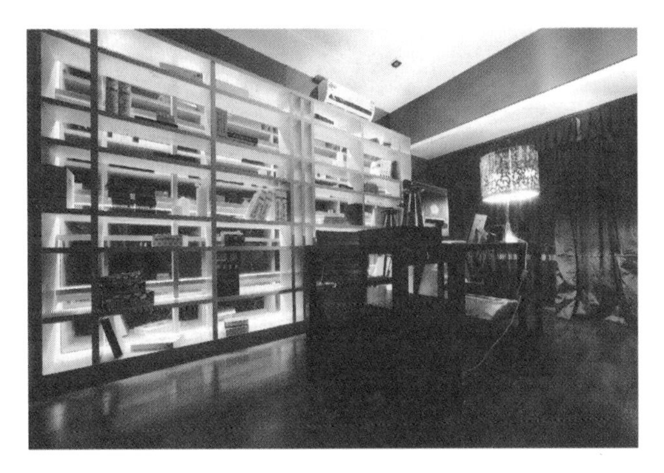

图 2–51 别墅书房照明设计（二）

3. 秩序的创新性

书房里一般都藏有大量的书籍，书的种类很多，又有常用和不常用之分，应进行一定的分类，以使书房井然有序，并且还可提高工作效率。书房里的工艺品、小摆设和花卉等装饰品都应安排得当，做到井然有序，以保证书房的环境整洁（图 2–52）。

图 2–52 别墅书房陈设设计（一）

4. 时代审美性

书房是读书人的天地，一定要体现出读书人的高雅、清淡，切忌豪华。书籍本身就是最好的装饰品。此外，要把艺术的情趣充分融入书房的装饰中，一件艺术收藏品、一盆清秀的文竹、几幅钟爱的字画或照片、几个古朴简单的小摆设，可以为书房增添几分淡雅、几分清新，突显业主的修养和情趣（图 2–53）。

图 2–53 别墅书房陈设设计（二）

（四）别墅书房设计要点

（1）书房的墙面、天花板色调度选用典雅、明净、柔和的浅色，如淡蓝色、浅米色、浅绿色。地面应选用木地板或地毯等材料，而墙面最好选用壁纸、板材等吸音较好的材料，以取得较静的效果（图 2–54、图 2–55）。

图 2–54 别墅书房设计（五）

图 2-55　别墅书房会客区设计（二）

（2）窗帘一般选用既能遮光又有通透感觉的浅色纱帘，高级柔和的百叶帘效果更佳，强烈的日照通过窗幔折射会变得温婉舒适（图 2-56）。

图 2-56　别墅书房设计（六）

（3）书房里的家具以写字桌和书柜为主，首先要保证有较大的储藏书籍的空间。书柜间的深度要适宜，过大的深度浪费材料和空间，又给取书带来诸多不便。书柜的搁架和分隔可做成任意调节型，根据书本的大小，按需要加以调整（图 2-57、图 2-58）。

图 2-57　别墅书房书柜设计

图 2-58　别墅书房书架设计

（4）别墅书房的功能和区间各部分应因人而异。书柜和写字桌可平行陈设，也可垂直摆放，或是与书柜的两端、中部相连，形成一个读书、写字的区域。书房行书的多变性改变了书房的形态和风格，使人始终有一种新鲜感。

（5）面积不大的书房，沿墙以整组书柜为背景，前面配上别致的写字台，全部的家具以浅色调为主，体现书房的灵动感和进取感；面积稍大的书房，则可以用高低变化的书柜作为书房的主调（图 2-59、图 2-60）。

（6）书房的规模一般根据房间大小和主人职业、身份、藏书多少来考虑，如果房间面积有限，可以向空间上延伸。

### （五）别墅书房设计尺度（图 2-61、图 2-62）

书桌：厚度 45 ~ 700mm（600mm 最佳）、高度 750mm。

书架：厚度 250 ~ 400mm、长度 600 ~ 1200mm、高度 1800 ~ 2000mm，下柜高度 800 ~ 900mm。

图 2-59　小空间书房设计

图 2-60　较大空间书房设计

图 2-61 书房家具尺度

图 2-62 书房空间尺度

## 四、项目检查表

<table>
<tr><th colspan="6">项目检查表</th></tr>
<tr><td colspan="2">实践项目</td><td colspan="4">别墅常规空间设计项目</td></tr>
<tr><td colspan="2">子项目</td><td>别墅书房设计</td><td>工作任务</td><td colspan="2">别墅书房方案草图、电脑施工图、电脑效果图制作</td></tr>
<tr><td colspan="3">检查学时</td><td colspan="3">0.5</td></tr>
<tr><td>序号</td><td>检查项目</td><td>检查标准</td><td>组内互查</td><td colspan="2">教师检查</td></tr>
<tr><td>1</td><td>别墅书房手绘方案草图</td><td>是否详细、准确</td><td></td><td colspan="2"></td></tr>
<tr><td>2</td><td>别墅书房电脑施工图</td><td>是否齐全</td><td></td><td colspan="2"></td></tr>
<tr><td>3</td><td>别墅书房电脑效果图</td><td>是否合理</td><td></td><td colspan="2"></td></tr>
<tr><td rowspan="4">检查评价</td><td>班　　级</td><td></td><td>第　　组</td><td>组长签字</td><td></td></tr>
<tr><td>小组成员签字</td><td colspan="4"></td></tr>
<tr><td colspan="5">评语：</td></tr>
<tr><td>教师签字</td><td></td><td>日期</td><td colspan="2"></td></tr>
</table>

## 五、项目评价表

<table>
<tr><th colspan="7">项目评价表</th></tr>
<tr><td>实践项目</td><td colspan="6">别墅常规空间设计项目</td></tr>
<tr><td>子项目</td><td colspan="2">别墅书房设计</td><td colspan="2">工作任务</td><td colspan="2">别墅书房方案草图、电脑施工图、电脑效果图制作</td></tr>
<tr><td colspan="3">评价学时</td><td colspan="4">1</td></tr>
<tr><td>考核项目</td><td>考核内容及要求</td><td>分值</td><td>学生自评<br>10%</td><td>小组评分<br>20%</td><td>教师评分<br>70%</td><td>实得分</td></tr>
<tr><td>设计方案</td><td>方案合理性、创新性、完整性</td><td>50</td><td></td><td></td><td></td><td></td></tr>
<tr><td>方案表达</td><td>设计理念表达</td><td>15</td><td></td><td></td><td></td><td></td></tr>
<tr><td>完成时间</td><td>3 课时时间内完成，每超时 5 分钟扣 1 分</td><td>15</td><td></td><td></td><td></td><td></td></tr>
<tr><td rowspan="2">小组合作</td><td>能够独立完成任务得满分</td><td rowspan="2">20</td><td></td><td></td><td></td><td></td></tr>
<tr><td>在组内成员帮助下完成得 15 分</td><td></td><td></td><td></td><td></td></tr>
<tr><td colspan="2">总分</td><td>100</td><td></td><td></td><td></td><td></td></tr>
<tr><td rowspan="4">项目评价</td><td>班　　级</td><td></td><td>姓　　名</td><td></td><td>学号</td><td></td></tr>
<tr><td>第　　组</td><td>组长签字</td><td colspan="4"></td></tr>
<tr><td colspan="6">评语：</td></tr>
<tr><td>教师签字</td><td colspan="2"></td><td>日期</td><td colspan="2"></td></tr>
</table>

## 六、项目总结

别墅书房设计是整个设计项目中的一个重要环节，也是进行别墅设计所必须掌握的知识和技能。对书房设计方案总体考虑，通过空间规划，确定方案设计的大方向，包括别墅书房的设计风格，空间人流动线组成，功能区域划分，色彩、材质及造型的初步确定等。

## 七、项目实训

（1）用快速表现的方式手绘别墅书房方案透视草图、平面布置图和立面图。

（2）用 AutoCAD 绘制别墅书房施工图，包括平面布置图、天棚平面图、墙立面图、道具详图、节点图。

（3）用 3ds Max 和 VRay 制作电脑效果图。

## 八、参考资料

### （一）图书资料

（1）佳图文化. 顶级别墅空间 2. 天津：天津大学出版社，2014.

（2）张绮曼. 室内设计资料集 2. 北京：中国建筑工业出版社，1999.

### （二）网络资料

（1）太平洋家居网 http://www.pchouse.com.cn/。

（2）齐家网 http://zhuangxiu.jia.com/。

# 项目三　别墅辅助空间设计

| 别墅辅助空间设计实施计划表 | |
|---|---|
| 一、项目导入 | |
| （一）项目名称 | 别墅辅助空间设计 |
| （二）项目背景 | 此项目为别墅常规空间设计项目（别墅常规空间设计根据实际项目拟定），位于市郊的两层别墅建筑，别墅建筑内部面积约为 $320m^2$，一层净高 3.8m，二层净高 4.5m，根据别墅特点完成室内装饰方案设计（结合此案例，在此基础上重新进行别墅设计） |
| （三）项目图纸 | 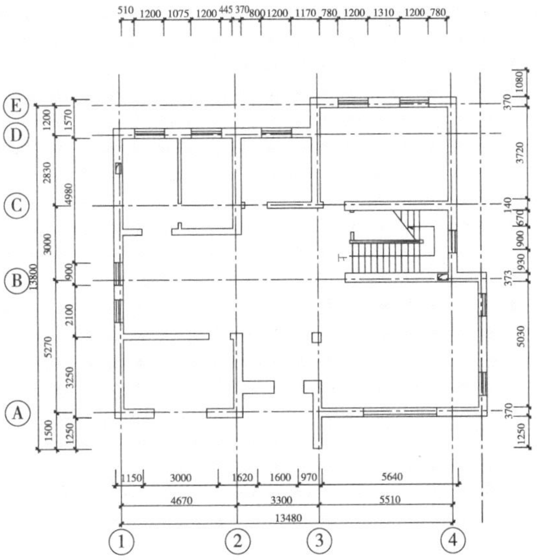 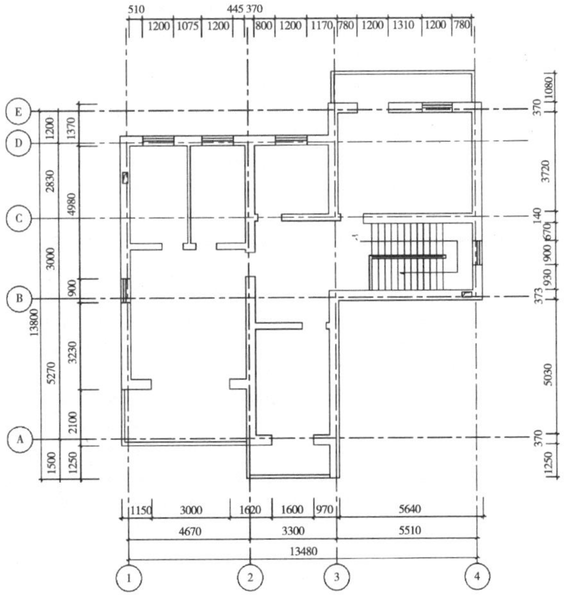 |

<table>
<tr><td colspan="2">二、项目分析</td></tr>
<tr><td>（一）设计要求</td><td>1. 风格定位：设计要根据业主性格特点及色彩倾向、风格偏好，装修以中高档为主。<br>2. 功能设计：功能划分要考虑别墅功能划分的特点，合理安排区域，符合防火、安全标准。<br>3. 考虑建筑本身的通风、水暖、电气的位置和走向，考虑建筑结构。<br>4. 建筑主体的改动要符合建筑规范</td></tr>
<tr><td>（二）项目成果要求</td><td>1. 手绘草图：别墅门厅、厨房、卫生间、楼梯间平面布置草图 1 张、立面设计草图 3 ~ 5 张、透视草图 1 ~ 2 张（A4 幅面）。<br>2. 计算机施工图：别墅门厅、厨房、卫生间、楼梯间平面布置图 1 张、天棚平面图 1 张、地面铺装图 1 张、立面图 3 ~ 5 张、节点图 1 ~ 2 张（A3 幅面）。<br>3. 计算机效果图：厨房效果图 1 张、门厅效果图 1 张（A3 幅面）</td></tr>
<tr><td>（三）项目实施要求</td><td>1. 要求学生分组合作，自主完成，作品要有自己的创意。<br>（1）班级分组，以团队合作的形式共同完成项目，建议 4 ~ 5 人为一组，每个小组选出 1 名组长，负责项目任务的组织与协调，带领小组完成项目。小组成员需要独立完成各自分配的任务，并保证设计方案的整体性（后附班级分组表）。<br>（2）每个小组完成最为完善的设计方案，并制作整套图纸。选出 1 名组员负责方案的讲解和答辩。<br>2. 建筑结构、辅助设施在符合建筑规范的基础上进行有限度的改动。<br>3. 布局和功能合理，设计风格符合企业特点。<br>4. 手绘草图结构准确、设计思路表达清楚；计算机效果图构图完整、比例关系准确、场景表现效果良好；施工图符合制图规范要求，尺寸标注清晰准确，材料标注详细、使用合理</td></tr>
<tr><td colspan="2">三、项目考核方式</td></tr>
<tr><td colspan="2">1. 过程考核。通过小组成员在实训过程的态度表现，进行考核评分，包括出勤情况、完成任务的效率和质量、团队合作的情况等。这部分分值占总分的 40%。<br>2. 成果考核。对学生在实训中完成的整套项目成果进行考核，包括任务完成的作品质量、方案陈述的情况等。这部分分值占总分的 50%。<br>3. 综合评价考核。在学生最终作品完成后，邀请合作企业的相关人员，如设计师、工程技术人员与专业评价教师团成员，以行业企业的标准对学生的作品进行综合评价。这部分分值占总分的 10%</td></tr>
<tr><td colspan="2">四、学习总目标</td></tr>
<tr><td colspan="2">知识目标：掌握别墅辅助空间中门厅、楼梯间及厨卫的基本概念、室内设计程序和设计方法<br>能力目标：培养学生别墅辅助空间设计能力、电脑效果图和施工图绘制能力、设计表现能力<br>素质目标：培养学生团队合作能力、设计创新能力、语言表达与沟通能力</td></tr>
<tr><td colspan="2">五、项目实施内容</td></tr>
<tr><td>子项目 1　别墅门厅空间设计</td><td>8 课时</td></tr>
<tr><td>子项目 2　别墅楼梯间空间设计</td><td>8 课时</td></tr>
<tr><td>子项目 3　别墅厨卫空间设计</td><td>8 课时</td></tr>
</table>

# 子项目1　别墅门厅空间设计

## 一、学习目标

### （一）知识目标

（1）熟悉别墅门厅空间方案策划流程。

（2）掌握别墅门厅空间的人体尺度。

（3）掌握别墅门厅空间的设计方法。

### （二）能力目标

（1）培养学生资料整合能力。

（2）培养学生方案策划能力。

### （三）素质目标

（1）培养学生团队合作意识。

（2）培养学生表达设计意图的方式。

（3）培养学生的创造性思维。

## 二、项目实施步骤

### （一）根据现场测量尺寸绘制原始平面图

根据现场勘测的图纸和尺寸数据，用 AutoCAD 软件按 1 ∶ 1 的比例绘制建筑的原始平面图，作为方案设计的基准图纸。

### （二）制定初步设计方案

根据前期的现场勘测、客户调查、市场调查和原始平面图纸，收集相关设计参考资料，初步制定空间平面规划方案，制定风格、色彩、材料、家具等样式。

采用画圈圈的画图方式简单地在图纸上体现功能空间在建筑中的大概位置和相互间的程序关系。确定功能在建筑空间中的位置，简单划分主次关系、动静区域，注意人流关系和采光效果。

### （三）绘制别墅门厅空间规划草图

根据初步的设计方案，对别墅门厅空间的平面布局进行总体的规划，按照服装展示、存储、销售、接待、交通等功能确定辅助空间各部分大致的位置。

进一步划分墙体隔断，逐步融合基本空间尺寸和尺度，使其符合功能化的布局。进一步分析各功能空间之间的逻辑关系以及各空间的采光、通风、人员习惯等其他设计因素，简单设想空间细部的处理方式。注意平面构成中的墙与墙之间的关系，空间与空间之间的联系，使墙与空间的关系达到几何美学的要求，形成视觉上的美观。

## 三、知识链接

### （一）别墅门厅空间的概念及历史

门厅，即为进门大厅，一般为在进门处设置的缓冲区。为空间较小的公共活动区。门厅也称为玄关，最早概念源自于佛教的入道之门，形式上源自于中国传统的影壁，体现出了中华民族传统文化中注重礼仪、性格含蓄内敛的精神。影壁虽在作用上表现为“隐”的特性，但事实上又在墙体的设计上体现出“现”的特性。在传统的影壁设计当中，不乏精美的装饰图案及纹样（图 3–1）。这些装饰元素在一定程度上展示了业主的经济实力、社会地位、文化素养等诸多因素。影壁的设置不仅彰显了居住空间入口的领域性，还渗透着中华民族传统哲学中对立统一的思想。

现今社会中，由于人口基数的增长，居住空间领域中的人均使用面积正在逐步缩小，但影壁所带来的功能性让人们一直无法割舍。在现代的居住空间中，影壁已然演化成了门厅的形式，其中，在入口对面经常采取相应的分隔措施，以达到传统影壁的“隐”的功能，减少户外的人及环境对室内空间造成的干预，增加室内隐蔽性。

图 3–1　沈阳故宫影壁

## （二）别墅门厅空间的功能分析

作为影壁的延续，门厅继承了影壁的全部功能。从门厅的地理位置特点上来看，它的设立在一定程度上分割了别墅内与外，形成了一个独特分隔区域，将室外领域与室内领域明确地划分开来，形成一个独立空间，从各个层面上形成过渡功能，这也是其主要功能。

1. 过渡功能

（1）视觉感受过渡功能。在入口处布置门厅可以防止外部人员直接洞穿室内全部情况，增强内部居住空间的私密性及安全性。

（2）艺术风格过渡功能。门厅是别墅空间设计中的一个辅助空间，不仅承载着人员的流通功能，还要起到建筑入口的装饰作用。总体上门厅的装饰艺术风格应与室内整体艺术风格保持一致，让进入该室内空间的人员在心理上能够对整个室内风格有初步的了解（图 3–2）。

图 3–2　别墅门厅的艺术风格过渡功能

（3）室内温度过渡功能。适宜的温度对于居住效果的影响很大，保持一个比较稳定、舒适的温度能够让业主得到良好的休息，充分地体会到享乐休养的感觉。但是室内与室外的温度通常是有差异的，内外温差大的现象在夏、冬两季尤为明显。门厅的布置能够尽量将室外不适温度的空气有效地阻隔在门厅区域，防止室内舒适温度空气被过度对流，造成室内温度达不到人类正常居住的理想温度。

（4）地面环境过渡功能。室内空间与室外空间的地面存在着较大差异。从清洁程度上看，室内空间地面清洁度较高，室外空间地面清洁度较低。由于门厅处于两个空间之间，地面浮灰的含量会高于室内其他空间。为了减少室外地面浮灰对室内造成的影响，门厅的地面应以防尘设施、结构等作为过渡，亦可采用便于清理的材质。

（5）人物衣着过渡功能。室内空间的人物衣着与室外的人物衣着有些许不同，尤其在纬度较高的地区，部分季节的温度特殊性导致人在两个环境中所穿的衣物截然不同。另外，由于地面环境的不同，室外用鞋与室内用鞋也有很大的区别。在设计门厅的过程中应该满足人们在出入室内空间时的衣着过渡功能，所以更换衣物成了门厅的一个重要功能。

综上所述，门厅具备诸多层面的过渡功能。但与此同时，在这相对较小的空间中，仍需要其他设施来完善该区域。

2. 储物功能

门厅地理位置的特殊性使其需要具备一定的储物功能，但其功能性质与其他空间的储物柜有所不同。众所周知，卧室的储物柜通常用来存放日用品、家纺甚至是衣物，厨房的储物柜通常用来存放调味品、厨具及餐具等，门厅的储物柜则更倾向于存放杂物。

通常门厅至少应具备存储更换的鞋的功能。根据空间大小可以考虑存放外衣及外出随身物品等。

## （三）别墅门厅空间的类型

别墅门厅空间的种类比较多，根据别墅自身空间围合方式、规划限制要求等条件的不同，门厅的规划方式也有所不同。在设计中，必须了解自己所设计别墅的基本信息及空间规划方式，才能有针对性地设计，提高设计效率。

1. 独立式门厅

独立式门厅（图 3–3）是以独立的建筑空间存在的。通常，相比普通居住空间及小型别墅空间而言，在中大型别墅空间更适宜布置独立式门厅。作为独立式门厅而

图 3-3　独立式门厅

言，需要利用较大的空间进行布置以便达到视觉感受及艺术风格过渡功能，且遮蔽性好通常独立式门厅在入门口处以入户花园的形式布置形式最为常见。

2. 邻接式门厅

邻接式门厅亦称为通道式门厅（图 3-4）。当别墅入口与客厅、餐厅、茶室等相连时，门厅空间则没有一个明确的界限，通常作为紧密衔接周围几个主要居住功能空间的交通空间。这种门厅的类型具备着空间性质灵活机动的特点，但也正因为这个特点，致使其功能设计难度增加，需要用特殊的方式来区分。

图 3-4　邻接式门厅

3. 包含式门厅

进入客厅后，门厅出现在客厅里面，或者是在入户花园的里面，这种情况比较难处理。但只要用来设计，则会使最终得到的门厅作品成为整个客厅的亮点，同时能增加空间的装饰效果。

根据空间分割方式可将门厅分为 3 类：

1. 全隔断门厅

利用大幅面隔断分割门厅空间，以便达到明确功能分区的要求。全隔断门厅虽然容易在一定程度上影响自然采光，但该类型的门厅通常能够带来较好的室内私密保护性能，大幅面的隔断也能够带来更优秀的装饰与储物性能。

2. 软隔断门厅

软隔断门厅指的是门厅在平行入口行进方向或垂直入口行进方向上采取一半或近一半的设计。这种设计在一定程度上会降低过度封闭带来紧迫感的几率。软隔断门厅可以适当采用镂空隔断或玻璃类材质隔断，由于在视觉上产生半通透的效果，所以仍划入软隔断的范畴（图 3-5）。

图 3-5　软隔断门厅

3. 无隔断门厅（图 3-6）

无隔断门厅指的是在材质等平面基础上进行区域处理的方法，常用的有以下几种处理方式：

（1）地面划分。可以通过地面材质、色泽或者高低的差异来界定门厅的位置。

（2）天花划分。可以通过天花造型的区别来界定门厅的位置。

（3）墙面划分。可以通过墙面处理方法与其他相邻墙面的差异来界定门厅的位置。

图 3-6　无隔断门厅

（4）鞋柜划分。可以通过它在平行入口行进方向横摆拦断和垂直入口行进方向伸延的长短来界定门厅的位置。

### （四）别墅门厅空间设计要素

1. 别墅定位

不同面积及围合方式的别墅以及业主的不同要求将会产生不同的定位，设计中应针对建筑主题的整体定位来进行设计。别墅门厅的类型选择与定位相关，面积较小、需求功能偏多的别墅中，门厅通常尽量避免独立式，以免造成不必要的空间浪费。

2. 风格定位

风格决定着家具形式及装饰纹样，甚至影响到局部空间围合方式。门厅的设计风格要依据别墅整体风格而定。传统欧式风格空间中，独立式门厅的设计能够彰显欧式风格的端庄典雅，端景台元素的设置更能够贴合整体风格。折中主义风格的门厅设计则自由度很大。

3. 经济条件

门厅空间在别墅中虽不构成主要居住功能，但其辅助功能较多，承载任务及意义相对较重。故在设计门厅功能的过程当中，应适当考虑业主经济条件，根据调研结果，合理设定造价，适当增减功能及装饰纹样。

4. 环境因素

建筑空间布局不同，门厅设计过程就会相应变化。应依附于建筑外墙的围合方式，选择合适的门厅类型，规划门厅各功能构件的位置。

### （五）别墅门厅空间设计的基本原则

1. 功能性

门厅以过渡作为其主要功能，同时兼有储物等功能，要根据别墅内部空间围合形状合理划分功能区。如果能够满足门厅全部功能要求，则会相应减少其他空间功能所承担的压力，则可以视为成功的设计，反之则是失败的设计。

2. 整体性

别墅主体建筑内设计过程中要注重风格整体性。

为了防止影响别墅主体风格，在装修上需要强调整体感，门厅空间的风格应做风格引导性的设计，与各空间设计的选材、色彩、风格和照明等方面保持一致，共同营造别墅内的空间气氛。

3. 经济性

别墅门厅空间的造价受别墅空间整体大小、装饰风格、建筑材料的种类及其形式等因素影响。空间越大，被分配的门厅空间就越大，风格纹样越复杂，建筑材料价值越高，相应的别墅内部空间的装饰效果则越好。门厅造价要与其他空间装修造价成一定比例，减少门厅装饰“喧宾夺主”的效果。因此，好的设计方案应该是通过门厅的效果来衬托门厅内部设计。

4. 艺术审美性

设计的出发点源于美学，别墅门厅空间的设计需要满足特定人群的审美需要，从而营造良好的居住氛围，给业主带来美好的感受。室内的环境不仅要在物质功能层面上满足业主实用度及舒适度的要求，同时还要最大程度地与视觉审美方面的要求相结合。

5. 环保性

现代社会对节能和环保越来越重视，崇尚健康、自然、节能、绿色、生态的趋势，也影响到建筑装饰行业。尊重自然、保护环境已成为设计理念之一。别墅门厅空间设计应采用低污染、可回收、可重复使用的材料和低噪声、低污染的装修手法以及低能耗的施工工艺，使装修后的店内环境能够符合国家标准，确保装修后的房屋不对人体健康产生危害。

6. 创新性

设计创新是别墅门厅空间设计的一个重要原则，使用新型材料能够满足新型工艺的需求，从而能够制作全新装饰效果，使得设计充满创新概念。

### （六）别墅门厅风格元素分析

门厅作为访客首先接触到的空间，在风格的表达上要慎重考虑。门厅的风格过渡功能决定着室内风格元素的精华需要在整个门厅空间中得以体现，从而将门厅“现”的功能淋漓尽致地展示出来。不仅能够让访客在短时间内对室内空间风格有大致的了解，也能在一个有限的空间中展现空间用户的爱好以及品位。在诸多的设计风格之中，多数客户习惯在中式、欧式、现代以及这几种混合衍生风格中做出选择。以下对不同风格玄关的表现手法进行分析。

1. 现代风格门厅

现代风格的室内空间是最为简洁的，流畅干净的线条带给人们最直观的视觉体验。精简而协调的搭配能够让初入空间的访客眼前一亮。整洁大方的表现手法也让住户在琐碎的生活中得到一丝视觉上的宁静。

大面积白色的运用是现代风格白色派的典型手法（图 3–7），带有流畅笔挺线条的规则几何状玄关柜体呈现出了匀称、整齐、有序的形式美。门套线的线条几乎只体现在结构上，减少多余装饰线条在对整体风格的影响。部分界面可以选择深色的饰面板（图 3–8）或大幅面的穿衣镜作为衬托，以明暗对比烘托主体功能区域，可以在邻接式、包含式门厅中区划出自身的虚拟空间，打破纯白色带来的视觉单一性，也在色彩上为门厅空间带来些许沉稳的视觉体验。

图 3–7　现代风格门厅设计方案（一）

图 3–8　现代风格门厅设计方案（二）

2. 欧式风格门厅

欧式风格作为众多时期艺术风格集合的代名词，无法准确地体现出设计风格的年代，但在用户眼中欧式风格是一种尊贵、华丽的象征，而混合的欧式风格也成为用户典型的喜好之一。古典欧式风格多以繁杂的植物花蕾、叶茎，人物雕像以及兽面等作为装饰纹样，图案表现十分具象化。精美的装饰线条将手工艺美展现得淋漓尽致，对称的装饰构件体现了欧式庄重的特质，充分呈现出欧式古典贵族的身份地位及文化品位（图 3–9）。

图 3–9　古典欧式门厅设计方案

简欧风格的设计过程中则将繁复柔美的纹样概括简化。重塑后的结构线条虽然大幅度减少了装饰纹样的堆叠，但仍在概括的柔美流畅曲线中呈现出了欧式构件结构线形的走向。新古典主义（图 3–10）的表现手法与简欧风格的表现手法有相似之处，多以简化的方式以及现代的材料、加工技术来追求欧式古典式样的大致轮廓，从而达到“形散神聚”的效果。

图 3–10　新古典主义门厅陈设设计方案

3. 中式风格门厅

中国文化的深邃举世闻名，经过五千余年的沉淀已让中式风格具有不可比拟的魅力。无论各个时期的中式风格还是混合衍生的中式风格都具备极深的传统哲学韵味。传统中式风格（图 3–11）的营造手法多由铺设传统中式纹样、采用木质线脚的家具及水墨画陈设、搭配珍贵原木的赭黄或生漆处理后的深红用色手法为主。镂空隔断的设计最容易表达出传统中式风格的韵味。在棚面的设计中也可以采用藻井等传统中式的建筑结构形式，将传统中式元素直接融入设计中，更能直观地呈现中式风格的特征。

图 3-11 传统中式门厅设计方案

现代中式风格（图 3-12）的营造手法中，多以笔挺结构线为主。材质的使用上则仍以深红的生漆红木色作为主色调，搭配以明度较高的暖色石材烘托庄重、富有文化底蕴的氛围。大量的现代风格线条中可搭配点缀传统家具形式，例如博古架等，作为通透隔断，以体现独有的现代中式韵味。

图 3-12 现代中式门厅设计方案

## 四、项目检查表

<table>
<tr><th colspan="7">项目检查表</th></tr>
<tr><td colspan="2">实践项目</td><td colspan="5">别墅辅助空间设计项目</td></tr>
<tr><td colspan="2">子项目</td><td colspan="2">别墅门厅空间设计</td><td>工作任务</td><td colspan="2">别墅门厅空间规划设计</td></tr>
<tr><td colspan="4">检查学时</td><td colspan="3">0.5</td></tr>
<tr><td>序号</td><td colspan="2">检查项目</td><td>检查标准</td><td>组内互查</td><td colspan="2">教师检查</td></tr>
<tr><td>1</td><td colspan="2">别墅门厅现场尺寸复原图（CAD 原始平面图）</td><td>是否详细、准确</td><td></td><td colspan="2"></td></tr>
<tr><td>2</td><td colspan="2">别墅门厅设计资料收集</td><td>是否齐全</td><td></td><td colspan="2"></td></tr>
<tr><td>3</td><td colspan="2">别墅门厅平面规划草图</td><td>是否合理</td><td></td><td colspan="2"></td></tr>
<tr><td>4</td><td colspan="2">别墅门厅设计构思</td><td>是否具有创意性、可实施性</td><td></td><td colspan="2"></td></tr>
<tr><td rowspan="4">检查评价</td><td>班　　级</td><td colspan="2"></td><td>第　　组</td><td>组长签字</td><td></td></tr>
<tr><td>小组成员签字</td><td colspan="5"></td></tr>
<tr><td colspan="6">评语：</td></tr>
<tr><td>教师签字</td><td colspan="2"></td><td>日期</td><td colspan="2"></td></tr>
</table>

## 五、项目评价表

<table>
<tr><th colspan="7">项目评价表</th></tr>
<tr><td>实践项目</td><td colspan="6">别墅辅助空间设计项目</td></tr>
<tr><td>子项目</td><td colspan="2">别墅门厅空间方案设计</td><td colspan="2">工作任务</td><td colspan="2">别墅门厅空间规划设计</td></tr>
<tr><td colspan="3">评价学时</td><td colspan="4">1</td></tr>
<tr><td>考核项目</td><td>考核内容及要求</td><td>分值</td><td>学生自评<br>10%</td><td>小组评分<br>20%</td><td>教师评分<br>70%</td><td>实得分</td></tr>
<tr><td>设计方案</td><td>方案合理性、创新性、完整性</td><td>50</td><td></td><td></td><td></td><td></td></tr>
<tr><td>方案表达</td><td>设计理念表达</td><td>15</td><td></td><td></td><td></td><td></td></tr>
<tr><td>完成时间</td><td>3 课时时间内完成，每超时 5 分钟扣 1 分</td><td>15</td><td></td><td></td><td></td><td></td></tr>
<tr><td rowspan="2">小组合作</td><td>能够独立完成任务得满分</td><td rowspan="2">20</td><td></td><td></td><td></td><td></td></tr>
<tr><td>在组内成员帮助下完成得 15 分</td><td></td><td></td><td></td><td></td></tr>
<tr><td colspan="2">总分</td><td>100</td><td></td><td></td><td></td><td></td></tr>
<tr><td rowspan="4">项目评价</td><td>班　　级</td><td colspan="2"></td><td>姓　　名</td><td></td><td>学号</td></tr>
<tr><td>第　　组</td><td colspan="2">组长签字</td><td colspan="3"></td></tr>
<tr><td colspan="6">评语：</td></tr>
<tr><td>教师签字</td><td colspan="2"></td><td colspan="2">日期</td><td></td></tr>
</table>

## 六、项目总结

别墅门厅设计是着手别墅辅助空间设计的一个环节，这个阶段要在前期常规空间规划完成之后进行。在前期项目调研的基础上，分析有关资料和信息，对设计方案总体考虑，通过空间的规划，确定方案设计的方向，包括门厅空间设计风格，储物及各层过渡功能区域划分，色彩、材质及造型的初步确定等。常规空间的合理设计能对后续门厅空间的设计起到重要的指导作用，只有相邻空间方案设计完成，才能进行门厅空间的具体设计，后续的工作才能顺利进行。

## 七、项目实训

（1）用 AutoCAD 软件复原现场测量建筑空间尺寸。

（2）进行别墅门厅空间的平面规划。

（3）别墅门厅空间设计方案策划。

## 八、参考资料

### （一）图书资料

张绮曼，郑曙旸. 室内设计资料集. 北京：中国建筑工业出版社，1991.

### （二）网络资料

（1）搜房网 http://news.fz.soufun.com/2012-11-05/8906289.htm。

（2）百度经验 http://jingyan.baidu.com/article/a501d80cca66f4ec630f5ef7.html。

# 子项目 2　别墅楼梯间空间设计

## 一、学习目标

### （一）知识目标

（1）熟悉别墅楼梯间空间方案策划流程。

（2）掌握别墅楼梯间空间的人体尺度。

（3）掌握别墅楼梯间空间的设计方法。

### （二）能力目标

（1）培养学生资料整合能力。

（2）培养学生方案策划能力。

### （三）素质目标

（1）培养学生团队合作意识。

（2）培养学生表达设计意图的方式。

（3）培养学生的创造性思维。

## 二、项目实施步骤

### （一）根据现场测量尺寸绘制原始平面图

根据现场勘测的图纸和尺寸数据，用 AutoCAD 软件按 1 ∶ 1 的比例绘制建筑的原始平面图，作为方案设计的基准图纸。

### （二）制定初步设计方案

根据前期的现场勘测、客户调查、市场调查和原始平面图纸，收集相关设计参考资料，初步制定空间平面规划方案，制定风格、色彩、材料等样式。

采用画圈的画图方式简单地在图纸上体现功能空间在建筑中的大概位置和相互间的程序关系。确定功能在建筑空间中的位置，简单划分主次关系、动静区域，注意人流关系和采光效果。

### （三）绘制别墅楼梯间空间规划草图

根据初步的设计方案，对别墅楼梯间空间的平面布局进行总体的规划，按照服装展示、存储、销售、接待、交通等功能确定辅助空间各部分大致的位置。

进一步划分墙体隔断，逐步融合基本空间尺寸和尺度，使其符合功能化的布局。进一步分析各功能空间之间的逻辑关系以及各空间的采光、通风、人员习惯等其他设计因素，简单设想空间细部的处理方式。注意平面构成中的墙与墙之间的关系、空间与空间之间的联系，使墙与空间的关系达到几何美学的要求，形成视觉上的美观。

## 三、知识链接

### （一）别墅楼梯间空间的概念

楼梯间，容纳楼梯的房屋建筑结构，建筑纵向交通空间之一。它在包含楼梯建筑部件（如墙或栏杆）的同时，还是一个相对独立的建筑部分。

从建筑内部功能及形式的角度上讲，楼梯间可谓是别墅空间区别于普通居住空间的重要标志之一。由于别墅空间作为休养享乐的高等居住空间，居住密度相比普通居住空间要低（即容积率低），室内空间中人均使用面积相对较高，而其中独栋别墅、双拼别墅、联排别墅这三种别墅属于低层民用建筑，所以在别墅空间的设计过程当中，单一的别墅单元通常被设计成 1 ~ 3 层的建筑楼体。即便在建筑设计过程中每层建筑空间被规划成功能相对独立的空间时，相互之间仍会存在着一定的联系，而楼体内部各层相互之间的联系则需要一个独立空间来完成。

常规民用建筑中，纵向交通空间主要有楼梯、电梯、自动扶梯、爬梯、坡道、台阶等形式，而别墅空间中常用楼梯这种形式。作为辅助空间中交通空间的一种类型，在建筑设计过程中，设计规划优先权较低，通常将建筑内部空间粗略规划后开始设计楼梯间位置及方向。

### （二）别墅楼梯间空间的功能分析

楼梯间主要由楼梯主体及包含楼梯主体的楼梯间墙体结构构成。故楼梯间功能划分为两个部分，即楼梯主体功能及墙体结构功能。

1. 楼梯主体功能

（1）楼梯建筑物楼层间处置交通用构件。作为别墅建筑主体内部楼层间主要纵向交通构件，楼梯主体能够解决楼层之间高度差较大情况下的交通不便利问题。常规的楼梯主体构件用于别墅空间内人员的纵向流动。

（2）增强楼层空间联系。楼梯主体单一设置在别墅空间中时，根据设计位置的不同可呈现出不同的功能。当楼梯主体连接两个纵向空间时，其功能关系则变得更加紧密。

（3）安全疏散功能。作为别墅主要纵向交通空间，一楼以上的所有人员均要利用楼梯出入房间，在紧急情况下，该空间将成为专用疏散空间。有效地提高空间内的人员疏散速度，增加逃生时间，从而提高别墅内部空间的安全性。

（4）主体结构承重功能。别墅建筑结构设计的过程中，楼体主体结构对于楼板自身有一定的结构强度，可以辅助其他墙体等承重构件分担载荷。

（5）美化装饰功能。由于楼梯间通常与别墅中的公共空间相邻，楼梯主体通常有部分暴露在公共区域视线范围之内。楼梯间不仅能够区别普通住宅与别墅，还能给予别墅室内空间一定的装饰效果，用不同建筑艺术风格的设计来满足业主不同类型的需求。此外，楼梯的造型为水平线条与垂直线条交错循环往复组合而成，趋势为按照一定角度倾斜向上，在别墅空间中形成独有的节奏感与流动性。

2. 墙体结构功能

（1）承受建筑载荷。作为建筑墙体主要功能而存在，在围合固定空间的同时，将建筑内部各楼层楼板固定，并在针对一些特定形式楼梯主体时，负责承载部分楼梯台阶。

（2）储物功能。一些类型的楼梯主体及墙体结构相互搭配组合后，能够形成一定的闲置空间。通常这些空间位于楼梯主体下方与墙体围合的位置，为了提高空间利用效率，将这些空间作为储物之用，分担室内其他空间的储物压力，减少室内堆叠杂物暴露在视线范围内的现象。

（3）美化装饰功能。储物功能在一定程度上带来了别墅内部空间的美化功能。墙体作为界面布置部分同样可以起到装饰室内环境的作用。通常由于楼梯主体附着后，墙体自身装饰线条均为斜线，增加了室内空间的视觉流动性，打破了室内原有的沉寂的静态感。

（4）影响楼梯类型。由于墙体在构造固定空间围合后，别墅内其余空间及设施将依附于现有墙体进行设计。别墅楼梯间墙体结构将人员纵向交通空间确定，楼梯主体的设计过程中将根据楼梯间墙体围合形式或依附于其上进行设计。

（三）别墅楼梯间空间的类型

由于别墅建筑形式多样，楼梯也呈现出不同的类型。在不同位置上可以将楼梯分为室内楼梯及室外楼梯。由于环境限制等客观因素影响，别墅空间通常使用室内楼梯。楼梯间的类型也就与楼梯主体形式相互间有着紧密的关联。通常楼梯间在民用建筑当中有三种形式：开放式楼梯间、封闭式楼梯间、防烟楼梯间（图 3–13）。在别墅室内空间中，最常用的是第一种，在整个室内空间中视觉范围开放，极具观赏性，能最大程度发挥楼梯间的美化装饰效果。

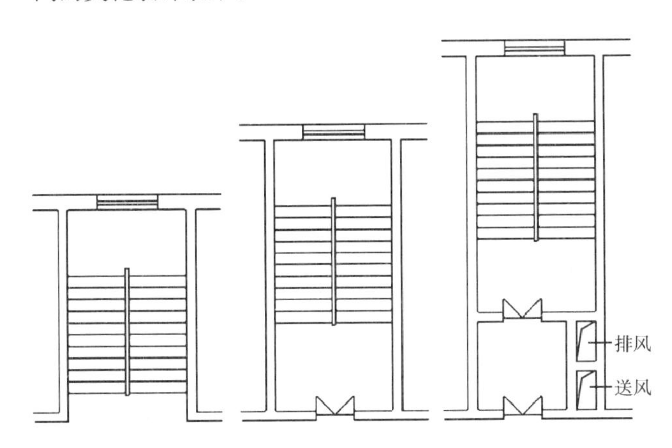


图 3–13　开放式楼梯间、封闭式楼梯间与防烟楼梯间

此外，楼梯的类型也影响着楼梯间的形式，民用建筑楼梯从平面形式上基本上可分单跑楼梯、双跑楼梯、三跑楼梯、非直线楼梯等。在别墅空间中，根据建筑结构及功能需求可以将楼梯分化为诸多类型。

1. 单跑楼梯

单跑楼梯主要针对楼梯间面积适中、层高较小的空间，其平面形式单一、朴素，由于客观影响因素较少，设计过程较简单，是最为传统的一种楼梯基础形式，

通常单跑楼梯在别墅空间中依附于墙体进行设计（图3-14）。交叉式楼梯也属于单跑楼梯范畴（图3-15）。

2. 双跑楼梯

双跑楼梯的楼梯主体由两段楼梯台阶组成，中间有平台作为连接。其优点在于能够将单一冗长的梯段划分为两个爬升过程，例如双跑直楼梯（图3-16），给用户在使用楼梯的过程中留有短暂的停留歇息。此外在原本空间长度不足的情况下能够让楼梯进行转向延伸，以满足楼梯自身对于空间长度的硬性需求，例如双跑折梯（图3-17）及双跑平行楼梯（图3-18）。此外双分式平行楼梯（图3-19）、双合式平行楼梯（图3-20）、剪刀式楼梯（图3-21）都可以归为双跑楼梯范畴。其中双分式平行楼梯将其中一个楼梯段一分为二，增加了人员流通能力，也在视觉上达成了对称平衡的效果。

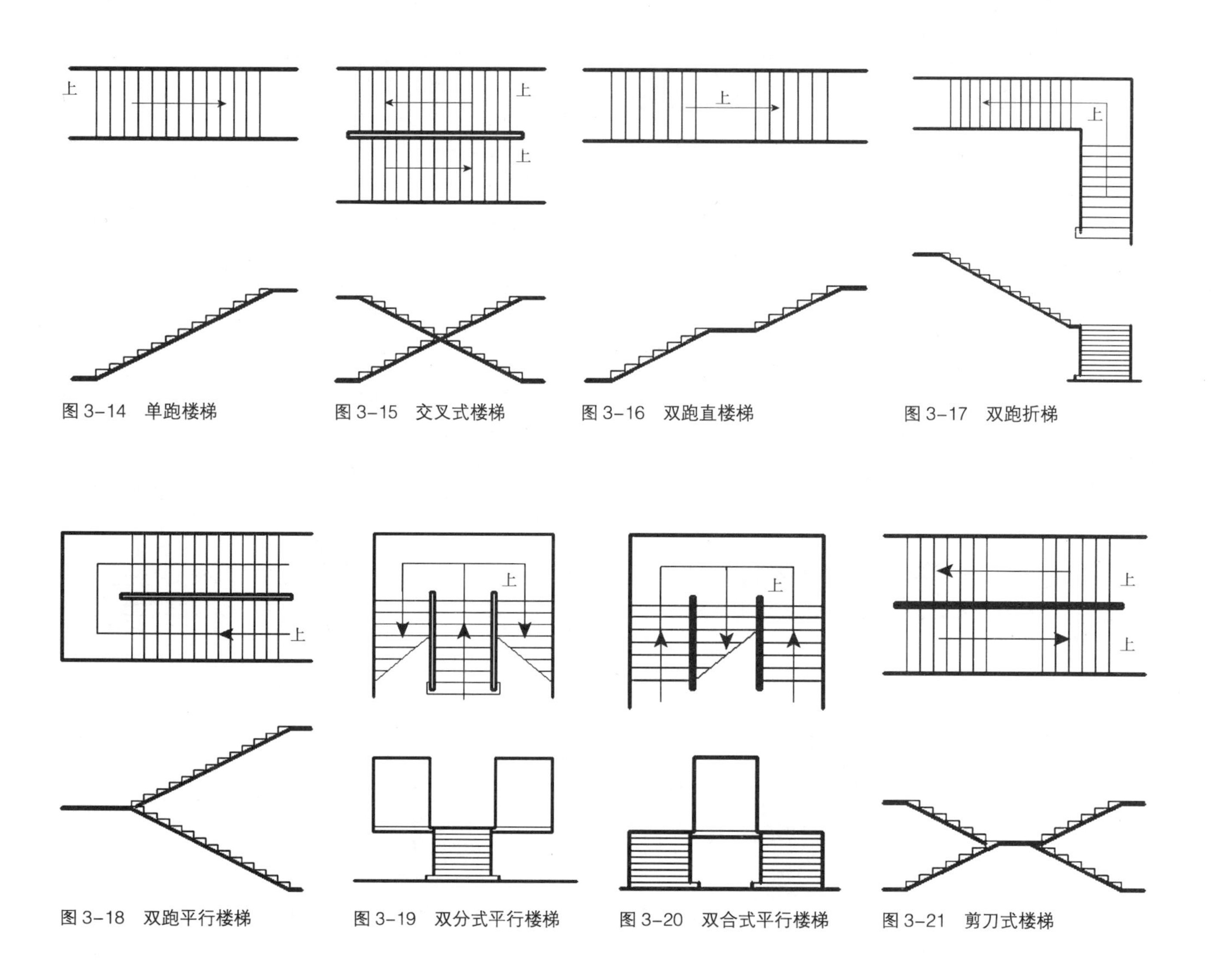


图3-14　单跑楼梯　图3-15　交叉式楼梯　图3-16　双跑直楼梯　图3-17　双跑折梯

图3-18　双跑平行楼梯　图3-19　双分式平行楼梯　图3-20　双合式平行楼梯　图3-21　剪刀式楼梯

3. 三跑楼梯

三跑楼梯（图3-22）是在双跑楼梯的思路及形式上进行延伸，形成的多梯段的楼梯形式，能够解决更高层距的人员流通问题，减少单跑楼梯在同一方向上空间占用打乱主要功能空间规划的现象。

4. 非直线楼梯

非直线楼梯也称为旋转楼梯，主要有两种形式，即螺旋楼梯（图3-23）和弧形楼梯（图3-24）。相比其他楼梯形式，螺旋楼梯占用空间要小，具备一定的观赏性。而弧形楼梯占用面积较大，一般适用于空间足够大

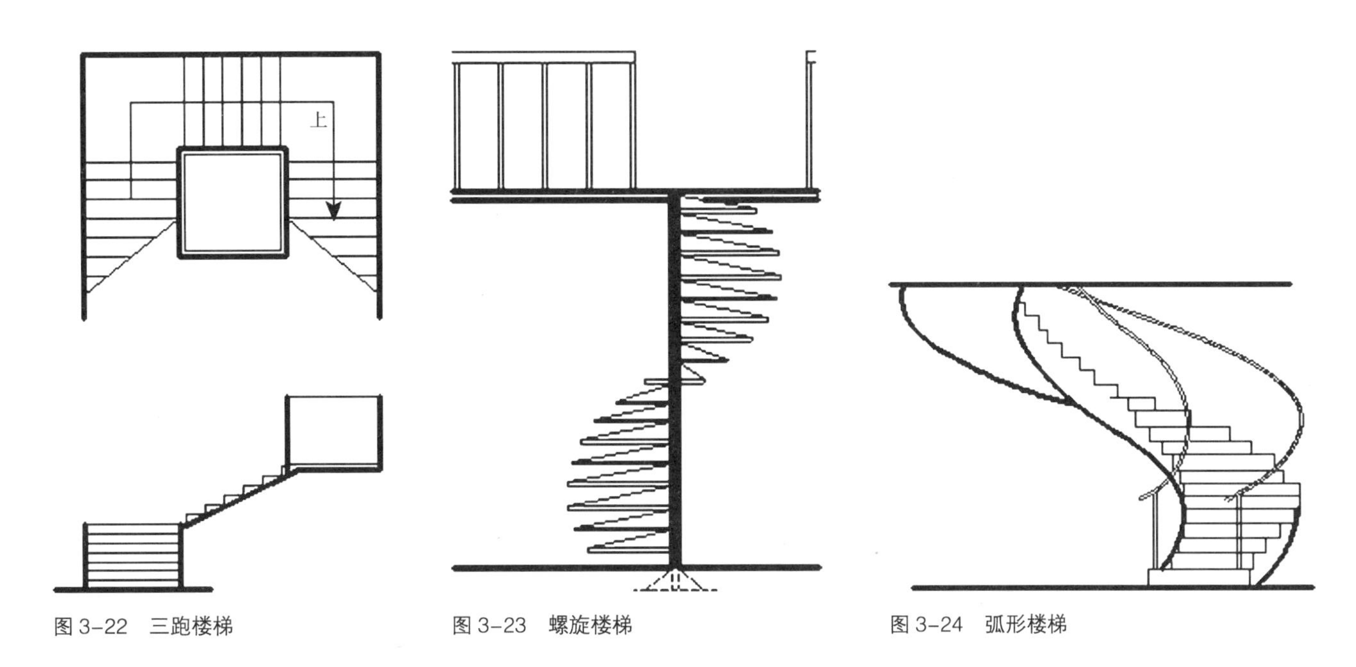


图 3–22　三跑楼梯　　图 3–23　螺旋楼梯　　图 3–24　弧形楼梯

的环境中，是一种极具观赏性的楼梯形式。

### （四）别墅楼梯间空间设计要素

1. 楼层高度

根据建筑设计过程中层高等参数，要适当调整楼梯间的布局形式，通常较高的楼层不能够使用单跑楼梯的形式，减少楼梯间占用的空间，避免影响室内各功能分区规划。

2. 行进距离

楼梯主体的尺寸要依据层高及行进距离进行计算。在设计过程当中，横向距离与纵向距离的设计关系到楼梯主体与地面形成的夹角度数，该参数的正确与否影响到业主在楼梯使用过程中的舒适度。

3. 楼梯朝向

根据建筑设计过程中的经验来看，楼梯作为辅助设施，尽量不要占用位置较好的朝向，以免影响别墅其他主要功能空间的规划。

4. 造型需求

不同业主对于装饰风格有特定需求，应根据布局要求规划楼梯的平面类型。多数情况下业主主观需求上更倾向于单跑楼梯、双跑平行楼梯及旋转楼梯等平面形式。楼梯间连接的两个空间的装饰元素也会影响到内部线型及纹样的使用。

### （五）别墅楼梯间空间设计尺度

在楼梯主体设计阶段要参考相应的楼梯尺寸计算方式。

非单跑楼梯的梯段宽：$B=A-C/2$（$A$ 为开间净宽、$C$ 为双跑平行楼梯两梯段之间的缝隙宽，考虑消防安全及施工等相关要求，$C$=60 ～ 200mm；非双跑平行楼梯则 $C=0$，即 $B=A$，梯段宽度等于开间净宽）。

楼梯踏步尺寸：$2h+W$=600 ～ 620mm（$W$ 为踏步宽度、$h$ 为踏步高度，通常 250mm ≤ $W$ ≤ 300mm、150mm ≤ $h$ ≤ 175mm，600 ～ 620mm 是一般人员行走时的平均步距）。

楼梯踏步数量：$N=H/h$（$H$ 为层高、$h$ 为踏步高）。

双跑楼梯长度计算：$L=(N/2-1)W$。

踏步的出挑长度：20 ～ 30mm（图 3–25）。

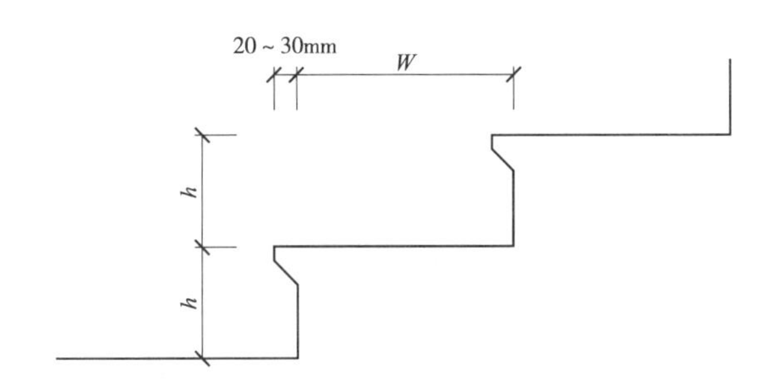


图 3–25　楼梯踏步出挑长度示意图

### （六）别墅楼梯间空间设计步骤

在勘察现场进行测绘及咨询业主相应的需求之后，根据测量参数计算楼梯与地面斜角大小。如果该角度超过 38°，则不能采用单跑楼梯。参考现场情况及业主需求选择双跑折梯、三跑楼梯及旋转楼梯中的一种。

如若采用非单跑楼梯，则需进行 3 个步骤设计。

（1）规划出非单跑楼梯各楼梯段连接用的中间平台位置。

（2）计算每一个楼梯段的行进距离是否满足楼梯间横向幅度需求。

（3）根据背书楼梯间空间设计尺度进行踏步数计算，适当用楼梯踏步尺寸来调整楼梯台阶数及楼梯长度。

### （七）别墅楼梯间风格元素分析

作为一个提供交通以及连接纵向功能区的楼梯间，设计风格必然要与相连接的空间相应。由于空间的性质限制了楼梯间美化的权重，在楼梯间的风格表现过程中要尽量简洁干练，使用典型的风格元素进行美化，做到点到即止，减少辅助空间"喧宾夺主"现象。以下对楼梯间风格表现手法以及风格元素的搭配方式进行分析。

1. 现代风格楼梯间

现代风格多以简洁的特性而获得人们的好评，但往往在设计现代风格中并不是不做设计，而是让空间的设计变得简单。朴素直线条的组合要与楼梯原有建筑结构区别开，简单的切角边线或圆角边线设计能够让原本质朴的建筑结构线条不再单调，双跑折梯及双跑平行楼梯通常在连接平台墙面上点缀以相框壁画等作为装饰（图 3–26）。色彩的运用上尽量保持干净简洁，色彩种类尽量不要超过 3 种。高明度低饱和度的色彩在现代风格中能够使得相对封闭、采光较差的楼梯间有较为简洁干练、干净明快的视觉效果，快速表达出现代风格的精髓。用少量的黑色或明度极低的颜色拉开色差进行相互搭配，不仅能让楼梯间更加生动活泼，还能够有效地强调装饰或表达的主体。

图 3–26　现代风格楼梯间设计方案

材质上多以浅色壁纸作为大幅面铺色的手段，搭配以几何造型的通透玻璃护栏以体现现代风格的整洁、明快感（图 3–27）。直线条的棚面配以筒灯或简洁造型的吊灯，让现代风格的楼梯间在视觉上更加明亮、干练。

2. 欧式风格楼梯间

由于楼梯间的空间性质，表现欧式空间风格时要尽量概括。典型的欧式线条多用于楼梯扶手、壁画画框、壁灯等位置。楼梯的形式可以适当考虑螺旋楼梯与旋转楼梯。在色彩搭配上，传统欧式风格建筑惯用低明度的珍贵木材颜色与乳白色的石材搭配，渲染空间的庄重氛围；搭配以卷曲的欧式铁艺线条，呈现出传统欧式风格的华丽。双跑平行楼梯或双跑折梯链接平台如果空间充足，可以适当布置绿植、壁画等软装部件（图 3–28）。平台地面可适当布置理石拼花，以达到呈现欧式华美元素的装饰效果。

图 3–27　现代风格楼梯间材质

图 3–28　传统欧式风格楼梯间设计方案

简欧风格的楼梯间与传统欧式风格略有不同，在设计楼梯扶手时，为了概括欧式的装饰线条，可将繁复卷曲的铁艺线条以欧式柱状构件代替。楼梯台阶出挑可以选用凹线作为踏步的装饰，不仅可以让踏步在外观上更加契合欧式风格，又能适当提升踏步的防滑特性。色彩搭配上多以白色混油等工艺制作楼梯扶手，大幅度简化楼梯间用色，提升空间线条流畅度（图 3–29）。

图 3-29　简欧风格楼梯间设计方案

## 四、项目检查表

<table>
<tr><th colspan="7">项目检查表</th></tr>
<tr><td colspan="2">实践项目</td><td colspan="5">别墅辅助空间设计项目</td></tr>
<tr><td colspan="2">子项目</td><td>别墅楼梯间空间方案设计</td><td colspan="2">工作任务</td><td colspan="2">别墅楼梯间空间规划设计</td></tr>
<tr><td colspan="3">检查学时</td><td colspan="4">0.5</td></tr>
<tr><td>序号</td><td colspan="2">检查项目</td><td>检查标准</td><td colspan="2">组内互查</td><td>教师检查</td></tr>
<tr><td>1</td><td colspan="2">别墅楼梯间现场尺寸复原图（CAD 原始平面图）</td><td>是否详细、准确</td><td colspan="2"></td><td></td></tr>
<tr><td>2</td><td colspan="2">别墅楼梯间设计资料收集</td><td>是否齐全</td><td colspan="2"></td><td></td></tr>
<tr><td>3</td><td colspan="2">别墅楼梯间平面规划草图</td><td>是否合理</td><td colspan="2"></td><td></td></tr>
<tr><td>4</td><td colspan="2">别墅楼梯间设计构思</td><td>是否具有创意性、可实施性</td><td colspan="2"></td><td></td></tr>
<tr><td rowspan="4">检查评价</td><td>班　　级</td><td></td><td>第　　组</td><td>组长签字</td><td colspan="2"></td></tr>
<tr><td>小组成员签字</td><td colspan="5"></td></tr>
<tr><td colspan="6">评语：</td></tr>
<tr><td>教师签字</td><td colspan="2"></td><td>日期</td><td colspan="2"></td></tr>
</table>

## 五、项目评价表

<table>
<tr><th colspan="7">项目评价表</th></tr>
<tr><td>实践项目</td><td colspan="6">别墅辅助空间设计项目</td></tr>
<tr><td>子项目</td><td colspan="2">别墅楼梯间空间方案设计</td><td colspan="2">工作任务</td><td colspan="2">别墅楼梯间空间规划设计</td></tr>
<tr><td colspan="3">评价学时</td><td colspan="4">1</td></tr>
<tr><td>考核项目</td><td>考核内容及要求</td><td>分值</td><td>学生自评<br>10%</td><td>小组评分<br>20%</td><td>教师评分<br>70%</td><td>实得分</td></tr>
<tr><td>设计方案</td><td>方案合理性、创新性、完整性</td><td>50</td><td></td><td></td><td></td><td></td></tr>
<tr><td>方案表达</td><td>设计理念表达</td><td>15</td><td></td><td></td><td></td><td></td></tr>
<tr><td>完成时间</td><td>3 课时时间内完成，每超时 5 分钟扣 1 分</td><td>15</td><td></td><td></td><td></td><td></td></tr>
<tr><td rowspan="2">小组合作</td><td>能够独立完成任务得满分</td><td rowspan="2">20</td><td></td><td></td><td></td><td></td></tr>
<tr><td>在组内成员帮助下完成得 15 分</td><td></td><td></td><td></td><td></td></tr>
<tr><td colspan="2">总分</td><td>100</td><td></td><td></td><td></td><td></td></tr>
<tr><td rowspan="4">项目评价</td><td>班　　级</td><td></td><td>姓　　名</td><td></td><td>学号</td><td></td></tr>
<tr><td>第　　组</td><td colspan="2">组长签字</td><td colspan="3"></td></tr>
<tr><td colspan="6">评语：</td></tr>
<tr><td>教师签字</td><td colspan="2"></td><td>日期</td><td colspan="2"></td></tr>
</table>

## 六、项目总结

别墅楼梯间设计是着手别墅辅助空间设计的一环，这个阶段要在前期常规空间规划完成之后进行。在前期项目调研的基础上，分析有关资料和信息，对设计方案总体考虑，通过空间的规划，确定方案设计的方向，包括楼梯间空间设计风格、色彩、材质、人员流通线路及造型的初步确定等。常规空间的规划方案会影响到楼梯间的具体设计工作，故合理地规划常规空间，有助于指导楼梯间的设计，减少相互之间的影响，后续的工作才能顺利进行。

## 七、项目实训

（1）用 AutoCAD 软件复原现场，测量建筑空间尺寸。

（2）进行别墅楼梯间空间的平面规划。

（3）别墅楼梯间空间设计方案策划。

## 八、参考资料

### （一）图书资料

张绮曼，郑曙旸. 室内设计资料集. 北京：中国建筑工业出版社，1991.

### （二）网络资料

（1）搜房网 http://news.fz.soufun.com/2012-11-05/8906289.htm。

（2）百度经验 http://jingyan.baidu.com/article/a501d80cca66f4ec630f5ef7.html。

# 子项目 3　别墅厨卫空间设计

## 一、学习目标

### （一）知识目标

（1）熟悉别墅厨卫空间方案策划流程。

（2）掌握别墅厨卫空间的人体尺度。

（3）掌握别墅厨卫空间的设计方法。

### （二）能力目标

（1）培养学生资料整合能力。

（2）培养学生方案策划能力。

### （三）素质目标

（1）培养学生团队合作意识。

（2）培养学生表达设计意图的方式。

（3）培养学生的创造性思维。

## 二、项目实施步骤

### （一）根据现场测量尺寸绘制原始平面图

根据现场勘测的图纸和尺寸数据，用 AutoCAD 软件按 1 ∶ 1 的比例绘制建筑的原始平面图，作为方案设计的基准图纸。

### （二）制定初步设计方案

根据前期的现场勘测、客户调查、市场调查和原始平面图纸，收集相关设计参考资料，初步制定空间平面规划方案，制定风格、色彩、材料、家具等样式。

采用画圈的画图方式简单地在图纸上体现功能空间在建筑中的大概位置和相互间的程序关系。确定功能在建筑空间中的位置，简单划分主次关系、动静区域，注意人流关系和采光效果。

### （三）绘制别墅厨卫空间规划草图

根据初步的设计方案，对别墅厨卫空间的平面布局进行总体的规划，按照服装展示、存储、销售、接待、交通等功能确定辅助空间各部分大致的位置。

进一步划分墙体隔断，逐步融合基本空间尺寸和尺度，使其符合功能化的布局。进一步分析各功能空间之间的逻辑关系以及各空间的采光、通风、人员习惯等其他设计因素，简单设想空间细部的处理方式。注意平面构成中的墙与墙之间的关系、空间与空间之间的联系，使墙与空间的关系达到几何美学的要求，形成视觉上的美观。

## 三、知识链接

### （一）别墅厨卫空间的概念

厨卫是厨房、卫生间的简称。由于在辅助性质上地位相同，故将其合并为一词。在设计过程中，由于别墅内部空间足的特点，厨房与卫生间依旧是按照具体功能及卫生要求分开布置的，不做厨卫空间一体化处理。

厨房，是指可在内准备食物并进行烹饪的房间。在别墅空间中，厨房还能作为居住人员提供各种烹饪方式及临时餐饮、休闲的区域。相比普通居住空间而言，别墅厨房在空间、设施及功能上更加完备。

卫生间，即厕所、洗漱间、浴池的合称，是供用户如厕、盥洗、洗浴的空间，是绝大多数建筑中必备辅助类空间，也是室内空间中使用较为频繁的辅助类空间。在别墅空间中，卫生间通常被设计为两个或两个以上，一部分用来作为公用，一部分作为专用，通常被布置在与客厅相连的位置或者主卧内。

### （二）别墅厨卫空间的功能分析

由于别墅空间中厨卫是厨房与卫生间的统称。在功能分析环节，将其分为两个部分，即厨房功能分析及卫生间功能分析。

在厨房一体化的行业趋势带动下，通常按照一体化橱柜解决方案来进行布置。考虑到别墅的休养生活的特性，其厨房通常具备以下功能分区。

（1）主操作区。即满足用户明火烹饪、餐具收纳、原料及调味品收纳、消毒、排烟功能等。有时可以适当添加其他烹饪功能。通常该区域使用频率最高，也是烹饪过程中进行主要步骤及多数成品出品所使用的操作区域，故占用面积大。

（2）次操作区。该区域主要承担两个功能，即原料清洗和冷藏冷冻。这些功能主要包括承担厨房中的冷藏存储、辅助烹饪、原料加工、垃圾处理等功能。通常冷藏存储功能由冰箱来完成，尽可能让易腐原料保持原有新鲜度。辅助烹饪功能通常由微波炉、烤箱等来完成，用来搭配主要烹饪区明火烹饪方式混合使用，提供多种烹饪方式以供选择。由于微波炉、烤箱等烹饪方式使用频率相对较低，故将其规划入次操作区中。原料清洗功能通常依靠布置厨房水盆的形式来满足。

次操作区功能繁杂，通常是前期准备工作及中期辅助工作的聚集地。由于经常用水进行清洗工作，故该区域应做好相应防水措施。

（3）休闲餐饮区。部分厨房由于业主对于形式有所需求，倾向于开敞式厨房形式或餐厨合一理念，通常将简易的就餐区布置在厨房内部。而针对休息饮酒则可以在该区域布置吧台，不仅可以提供饮酒休闲功能，还能够在形式上明确功能分区（图 3-30）。

图 3-30　休闲餐饮区

（4）陈列展示区。作为厨房功能分区中的可选区域，形式上常以端景台、边柜为主。通常该区域作为收藏品展示、辅助吧台酒柜储存之用，用以满足业主精神需求及展示其文化品位，尽显主人的尊贵与庄重，同时能够达到装饰美化的效果（图 3-31）。

图 3-31　陈列展示区

相比操作流程冗杂，功能繁多的厨房而言，卫生间的功能分区则相对简单。居住类空间卫生间通常为用户提供四种功能。

（1）卫生间最基本的功能，满足用户正常新陈代谢的生理需求。该区域通常根据下水道主干位置来设计，在管道位置极不合理的情况下可以适当考虑更改管道位置（图 3-32）。

图 3-32　卫生间案例

（2）盥洗功能。为用户提供基本的清洗功能，满足用户日常洗手、刷牙、洗脸、检查面部外观、储存卫浴日化用品的需求。通常由卫浴水盆、镜子、地柜组成。该区域对于水的使用量较大，使用频率较高，故该区域是防水施工的重点。

（3）沐浴功能。提供用户沐浴的单独空间。通常根据沐浴形式要求将该功能分区分为两类，即淋浴房和浴缸。该功能分区设计时要参考业主要求。由于用水量大，且设施开放性较强，在沐浴过程中设施周边容易出现部分积水，故应做好相应防水措施。

（4）洗涤功能。有的卫生间要兼顾家务洗涤功能，在卫生间内布置洗衣机等电器，便于减轻用户及家政雇员的负担。

（三）别墅厨卫空间的类型

厨房各分区功能偏多，根据使用面积及功能选择，将其平面布局形式分为两类：封闭式及开放式。

封闭式厨房是传统的厨房类型，适用于空间小、功能需求单一、对于功能分区要求非常明确的用户。这种类型厨房内部环境相对封闭，故在国内传统菜式的制作中产生的大量油烟不易扩散至邻近空间。

开放式厨房是一种观赏性较强的厨房类型，通常没有明确的空间接线，以吧台作为半通透的分割或与餐厅无隔断相邻。视野开阔，与相邻空间联系紧密，成为室内装饰中一道亮丽的风景线。在西方国家中，由于烹饪材料配比及制作方式的不同，不易产生较大的油烟，故在西方国家中这一类厨房很受欢迎。

根据橱柜功能分区的平面布置方式可以将厨房分为以下几类：

（1）U形厨房。这种厨房依附于室内空间中相邻的三面墙体进行设计，操作空间丰富，功能完备，可以尽可能将厨房辅助烹饪方式涵盖在内。在长轴较短的U形厨房中，还能形成独有的工作中心三角区域。致使用户不用做过多位移即可操作相邻的几个功能区，进一步增加烹饪效率（图3-33、图3-34）。

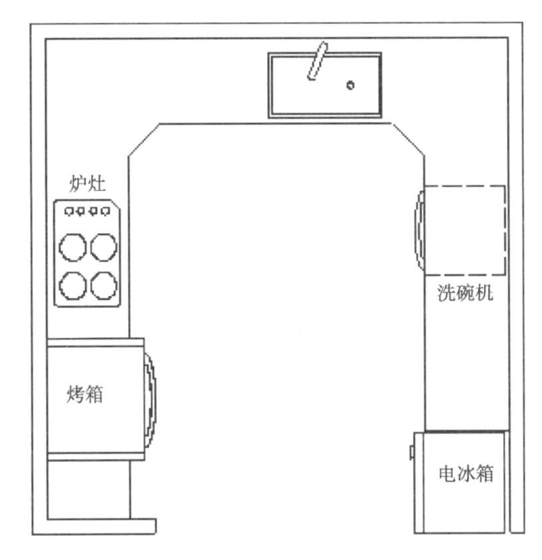


图3-33　U形厨房

图3-34　U形厨房设计方案

（2）L形厨房。L形厨房是将两段操作台依附于厨房相邻的两个墙面进行布置，该平面布置形式相比U形厨房视觉开阔，不会给用户造成拥挤的感觉。操作人员行动自如，但频繁的工作中心面积相对较少。L形厨房适用于烹饪流程不太复杂的家庭（图3-35、图3-36）。

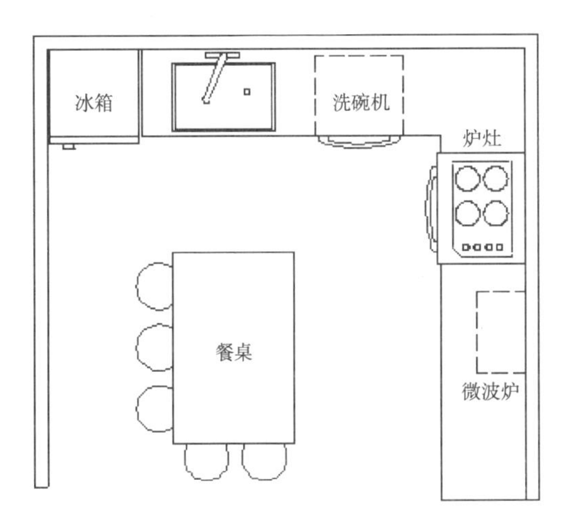


图3-35　L形厨房

图 3-36　L 形厨房设计方案

（3）岛型厨房。该平面布置类型将一部分工作才置于厨房中心地带，致使该部分的操作台成为了整个厨房的中心。中心岛的布置不仅弥补了单一线性工作区的不足，与其他工作区形成工作中心三角区，增加烹饪效率。此外，中心岛设计在功能形式上将传统的厨房转化成生活交际空间的延伸。中心岛型工作台通常具有三种功能。

1）就餐岛。将中心工作台作为就餐区域，让该区域形成厨房的人员聚集区，在就餐的同时还能与烹饪人员交流，增添家庭聚会气氛（图 3-37、图 3-38）。

图 3-37　就餐岛（一）

图 3-38　就餐岛（二）

2）料理岛。将烹饪的核心步骤移植到中心工作区，不仅能够让围绕在中心岛周边的工作台直接为明火烹饪步骤服务，还能将烹饪的全过程对外展示，增添家庭烹饪趣味性。在料理岛设计过程中，要考虑到预先铺设的排风管道及燃气管道，将接口转移至中心岛型工作区（图 3-39、图 3-40）。

图 3-39　料理岛（一）

图 3-40　料理岛（二）

3）清洗岛。将清洗区移植到岛型操作台（图 3-41）。作为原材料处理的第一步，清洗岛可将刚购买置于岛内的原材料直接放入清洗岛清洗，同时也有效地缩短了餐后清洗工作的行进距离。在布置清洗岛之前要事先设计出入水管线及排水管线。

图 3-41　清洗岛

中心岛型工作区的各功能选择上各有优劣，故设计要根据用户的行为习惯进行布置，以最大限度地提升用户烹饪期间的行为效率。

（4）回字形厨房。即装开放式厨房的一种形式，在U 形厨房的基础上将操作台延伸至第 4 个边，作为其他功能操作区或临时就餐区，只预留一部分空间作为厨房出口（图 3-42）。

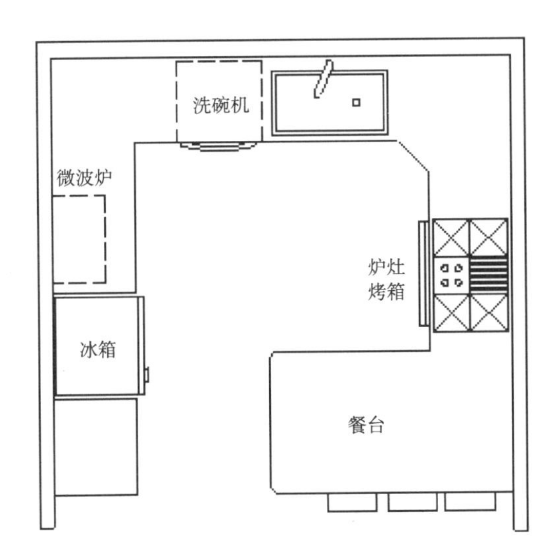


图 3-42　回字形厨房平面布置示意图

（5）一字形厨房。一字形厨房是将全部工作台依附于单一墙面以“一”字形布置，该布置方式空间开阔，致使拥挤感完全消除，干净简洁。但在此工作台只能保持操作流程单一的菜品制作效率，非常适用于以清洗备料、材料加工、明火烹饪为顺序的工作流程。在普通住宅中，厨房存储能力不及 U 形厨房与 L 形厨房。但在别墅空间中，空间充裕的一字形厨房能提供更多的空间给临时就餐等其他功能分区（图 3-43、图 3-44）。

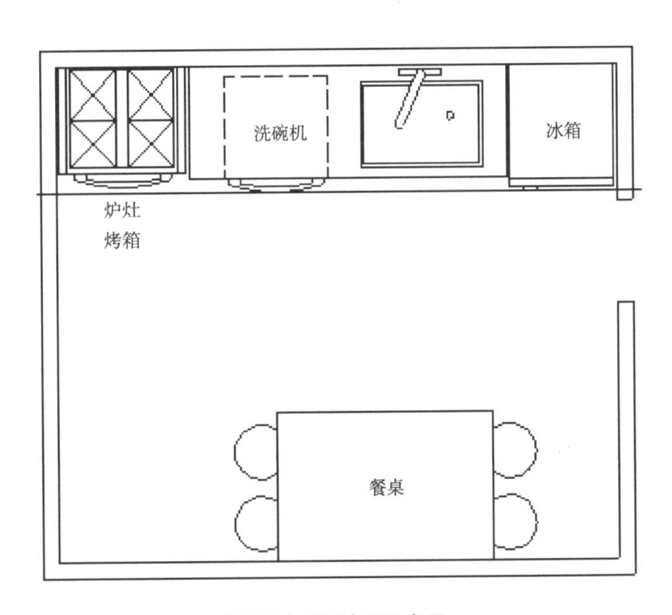


图 3-43　一字形厨房平面布置示意图

图 3-44　一字形厨房设计方案

（6）双一字形厨房。将两段操作台分开平行布置于两面对立的墙面上，以扩大操作空间。该操作方式需要使用人员频繁大幅度转身，故在设计各个功能区所在位置的时候，尽量将相连且使用频率较高的功能区规划在一起，减少用户不必要的位移，简化烹饪行为，节省烹饪时间，防止用户烹饪思维混乱。双一字形的对称布置方式不仅能够在视觉上带来平衡感，当两段工作区相邻距离比较近时还能让相邻的功能区相互围合构成工作中心三角区，提高工作效率（图 3-45、图 3-46）。

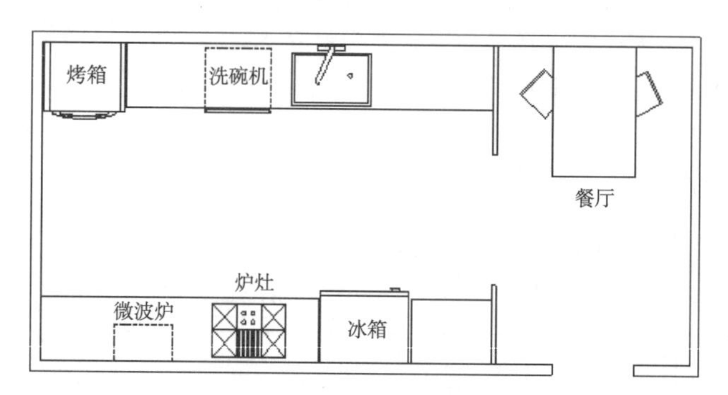


图 3-45　双一字形厨房平面布置示意图

图 3-46　双一字形厨房设计方案

相对于厨房而言，细化的功能分区较多，所以厨房的平面布置类型根据不同的操作习惯可划分为较多的功能类型。然而卫生间在类型的划分过程中仅仅是按照功能分区的聚合程度划分的。

（1）独立型卫生间。浴室、厕所、洗漱间等各自独立的卫生间，称为独立型卫生间。独立型卫生间的优点是各室可以同时使用，特别是在高峰期可以减少相互干扰，各室功能明确，使用起来方便、舒适。缺点是空间面积占用多，建造成本高。

（2）兼用型卫生间。把浴盆、洗脸池、马桶等洁具集中在一个空间中，称为兼用型。单独设立洗衣间，可使家务工作简便、高效；洗漱间从中独立出来，其作为化妆室的功能变得更加明确。洗漱间位于中间可兼作厕所与浴室的前室，卫生空间在内部分隔，而总出入口只设一处，是利于布局和节省空间的做法。

（3）折中型卫生间。卫生空间中的基本设备中部分独立部分放到一处的情况称为折中型。折中型的优点是相对节省一些空间，组合比较自由，缺点是部分卫生设施设置于一室时，仍有互相干扰的现象。

除了上述几种基本布局形式以外，卫生空间还有许多更加灵活的布局形式，这主要是因为现代人给卫生空间注入新概念、增加许多新要求的结果。因此，我们在卫生间的装饰中，不要拘泥于条条框框，只要自己喜欢同时又方便实用就好。

### （四）别墅厨卫空间设计要点

厨房与卫生间均是用水量较大的区域，故这两类空间在施工过程中一定要加入制作防水环节，设计过程中做好干湿分离。由于空间平均湿度相对于卧室等空间较大，尤其是卫生间相对湿度更高，故棚面可选用防水材质，例如集成吊顶、PVC 棚等。地面材质通常采用易清洁材质，例如地砖石材等。

厨房设计要点如下：

（1）由于厨房是空气污染重地，通风及排风性能对于厨房显得尤为重要。除了具备优质高功率的排烟机以外，尽量为厨房布置能够进行自然对流的通风条件，不仅能够净化空气，还能提高厨房的安全性。

（2）在界面布置的过程中，要在每个工作区布置防水插座，以便各个工作区有电源供应，避免使用插排在工作区域布线造成危险。

（3）设计工作台的过程中要注意通道的人员流通性能，其间的交通通道要保留至少两人以上的活动空间，通道的设计尽量避免与三角工作区中心相交，以免影响烹饪效率。

（4）在整个烹饪流程中，每经过一个工作区的加工处理时都会消耗该工作区的少许消耗品，所以在每一个工作区要设置相应的存储空间，以减少视野内的杂物，保证厨房整洁美观。

（5）每个工作区应布置相应的照明灯光，在三角工作区亦要有灯光照明。

（6）厨房虽然用水量较大，但也有大量的干燥物品。干燥物品周围的温度会影响其储存效果，所以在厨房设计过程中要做到干湿分离及冷暖分离，水槽与炉灶要分开布置，冰箱与炉灶也要分开布置。

（7）U 形橱柜与 L 形橱柜在设计的过程中要注意阴角处存储空间的开启方式。该区域的柜门开启方式通常容易受到周边环境影响，所以在布置侧向开启柜门的时候应留出一部分空间。

（8）操作台与墙面相接的阴角应布置相应防水措施，以免有污水流入墙壁缝隙难以清理。可以采用挡水槽、挡水条及胶接的方式作为防水措施。

（9）三角工作中心的周长不宜过长，应控制在 3.5 ~ 6m 之间，以便提升三角工作区工作效率。

卫生间设计要点如下：

（1）在卫生间空间较大的情况下，应对每一个功能分区进行灯光布置，以满足每一个功能区的照明需求。

（2）装饰材料应尽量采用防潮涂料，门口处要设置挡水台，以免出现管道故障时，殃及其他防水性能较差的空间。

（3）在使用地砖的情况下要注意建材的单位尺寸。由于卫生间经常出现地面水渍较多的情况，故在设计地面时要使用边长相对较小的地砖，以便铺设防水坡。地面应有不少于 5‰的坡度朝向地漏方向。

（4）卫生间在无自然通风的情况下，必须设置通风道或者采用机械措施进行排气。

（5）在色彩的设计过程中尽量使用明度较高、饱和度较低的颜色，通常这一类颜色能够给人在视觉上带来干净整洁的感觉。在卫生间的角落可以考虑适当布置绿化植物，不仅能够美化空间，还能够适当净化空气，给予用户自然的感觉。

（6）在施工过程中防水工作应在卫生间设施安装完毕后进行。

（7）在别墅空间中，由于多数建筑以多层形式出现，所以在设计卫生间时应尽量保持各层位置能够重叠或者相邻，以减少管线铺设长度并避免下水不畅、冷凝水下滴的情况。

（8）由于卫生间具有一定的私密性，入口应避免与其他空间入口正对布置，以免造成不便。

（9）在做卫生间隔墙的过程中通常使用单砖墙，即 120mm 厚的砖砌墙体。

### （五）别墅厨卫风格元素分析

室内风格往往不仅体现了设计师自身的设计倾向以及对于客户需求的理解，同时还体现出了居住用户的生活习性及品位。在厨房风格呈现过程中需要着重注意风格要素的选用、概括及糅合。好的风格呈现手法不仅能为厨房空间提供一丝生气，还能为整个烹饪流程注入灵魂。

在厨房风格表现设计初期，应尽量包容其他的房间风格要素，保持室内整体风格的统一。在选定风格后，就要对整个室内风格的配色、构件造型等要素进行搭配，从而在风格元素的组合搭配、合理堆叠中呈现出形式美的效果。以下对常见的厨房风格营造手法案例进行分析。

（1）现代风格。现代风格是追求时尚及潮流的一种风格，在设计过程中呈现出简洁的特性，结构即功能的风格特点也让室内空间具备更强的功能性，这也是将现代风格称为功能主义的原因之一。在工业革命之后，人们也更加注重设计的生产便利性，于是诞生了该风格（图 3–47）。

图 3-47　现代风格厨房设计方案（一）

现代风格厨房（图 3-48）多呈现高对比、造型简洁的特征。在该案例中，色彩上除地面迎合室内地面整体风格需求外，多使用白色、黑色及灰色进行灰度渐进的搭配，加上拉丝不锈钢材质的使用，更能够体现出现代工业科技下的工业技术美。操作台及桌面选用了类烤漆材质或玻璃材质，有助于增加家具构件表面的光泽度，为厨房带来整洁的视觉效果。

（2）欧式古典风格。严格意义上讲欧式古典风格是众多时期风格的集合，但在室内设计过程中欧式古典、简欧等风格是客户的众多选择之一。在搜集客户信息过程中，客户极难表达出具体想要体现出的是哪个时期的欧式风格，但绝大多数希望得到的设计结果带有明显的装饰纹样等风格元素，从而在整体上呈现出古典欧式的异域风情。

在设计欧式风格厨房的过程中，从家具形式上着手（图 3-49）。柜门多采用嵌板门形式，打破平板柜门的单一性，增加柜面的层次感，从而呈现概括化的欧式装饰纹样。在颜色的搭配上尽量选择深红或原木色（图 3-50），从材质色彩上尽可能体现出人文因素，浅黄或乳白色多用于石材操作台台面上。由于石材的价格较高，它能够为厨房增添典雅、庄重的气氛，搭配上石材的质感能够使得整个厨房空间更加稳重。由于功能性的要求，部分构件如水槽等一般都会使用不锈钢材质，并不影响整体风格的营造，增加些许现代元素反而能够打破厨房风格过于统一的沉寂。

图 3-48　现代风格厨房设计方案（二）

图 3-49　欧式风格厨房

图 3-50　典型欧式风格厨房配色

卫生间区域的设计通常为了满足空间的功能性，需要具备防潮特性以及进行大量的清洁工作，各类风格中都尽量减少了繁杂的传统装饰构件的使用或将装饰构件平面化、图案化，从而减少构件表面积，降低清洁劳动强度。

（1）现代风格卫生间。现代风格卫生间（图 3-51）设计过程中，更加注重用色的简洁。材料的选用上多为陶瓷或大理石等石材，家具外观造型上多以几何形态（图 3-52）呈现出现代风格的速度感，提升造型流畅度。各门板饰面上并没有过多的装饰纹样，均匀统一的柜门分割使得原本毫无生气的柜体有了一丝韵律感。色彩上采用黑白对比，形成较强的视觉色彩对比，减少单一明度的颜色带来的视觉疲劳。明度的跳跃不仅区分了不同功能的构件，为卫生间的色彩增添了些许活力，同时也让一些分量较大的构件具备了视觉分量的特性。

图 3-51　现代风格卫生间设计方案

图 3-52　几何线性外观的现代风格卫生间部件

（2）欧式古典风格卫生间。欧式风格卫生间在设计过程通常需要将装饰构件平面化处理，融入饰面板表面上。这样能有效减少家具表面积的扩张，减少相应的清洁工作量。

传统欧式风格卫生间设计中，选用的家具仍以简单的嵌板门形式为主（图 3-53），嵌板边线造型直挺简洁，门板表面的凹凸感仅由嵌板结构形成。嵌板的美化则可由材质的纹理搭配以及装饰纹样的拼贴组合而成，较少使用立体的装饰纹样。色彩上多以红木等贵重木材呈现的低明度红色系颜色为主，搭配以明度较低的石材地面及墙面，以明暗对比的形式组合在一起，不仅能够突出卫生间主体功能区域，还能够体现用户身份尊贵的特征。

图 3-53　典型的欧式古典风格饰面嵌板门

部分简欧风格卫生间在设计过程中，装饰纹样的使用率则大幅度减少（图 3-54）。水盆、柜体浴缸等造型多以规则几何曲线围合而成。为了体现出欧式风格的特点，镜子、壁灯、柜体五金、水龙头、墙面腰线等构件可以有选择性地沿用传统欧式的风格。概括化的柜体装饰线也能减少传统欧式线条在大幅面柜体边线装饰上带来的视觉繁琐感。色彩上多以明度较高的白色、乳白搭配暖黄色的灯光为主，从而为卫生间在视觉上增添温暖的心理感受。部分西欧地区所用的简欧多为地中海风格，经典地中海风格用蓝色系的地砖及马赛克对地面及墙面进行铺贴，在色彩上以饱和度较高的蓝色与白色或乳白色搭配，形成对比，营造出希腊、西班牙一带特有的地中海风格特征。

意大利、法国一带的地中海风格更倾向于使用橘色、金色、黄色等暖色作为主色调（图 3-55）；埃及、摩洛哥一带的地中海风格则偏向于使用北非特有的沙漠岩石的土黄色。这两种地中海风格搭配以少量的冷色部件作为对比，增加空间色彩的跳跃感，室内气氛的活跃度得以提升。

图 3-55　地中海风格卫生间设计方案（二）

图 3-54　地中海风格卫生间设计方案（一）

## 四、项目检查表

<table>
<tr><th colspan="6">项目检查表</th></tr>
<tr><td colspan="2">实践项目</td><td colspan="4">别墅辅助空间设计项目</td></tr>
<tr><td colspan="2">子项目</td><td colspan="2">别墅厨卫空间方案设计</td><td>工作任务</td><td>别墅厨卫空间规划设计</td></tr>
<tr><td colspan="3">检查学时</td><td colspan="3">0.5</td></tr>
<tr><td>序号</td><td>检查项目</td><td colspan="2">检查标准</td><td>组内互查</td><td>教师检查</td></tr>
<tr><td>1</td><td>别墅厨卫现场尺寸复原图（CAD 原始平面图）</td><td colspan="2">是否详细、准确</td><td></td><td></td></tr>
<tr><td>2</td><td>别墅厨卫设计资料收集</td><td colspan="2">是否齐全</td><td></td><td></td></tr>
<tr><td>3</td><td>别墅厨卫平面规划草图</td><td colspan="2">是否合理</td><td></td><td></td></tr>
<tr><td>4</td><td>别墅厨卫设计构思</td><td colspan="2">是否具有创意性、可实施性</td><td></td><td></td></tr>
<tr><td rowspan="4">检查评价</td><td>班　　级</td><td></td><td>第　　组</td><td>组长签字</td><td></td></tr>
<tr><td>小组成员签字</td><td colspan="4"></td></tr>
<tr><td colspan="5">评语：</td></tr>
<tr><td>教师签字</td><td colspan="2"></td><td>日期</td><td></td></tr>
</table>

## 五、项目评价表

<table>
<tr><th colspan="7">项目评价表</th></tr>
<tr><td>实践项目</td><td colspan="6">别墅辅助空间设计项目</td></tr>
<tr><td>子项目</td><td colspan="3">别墅厨卫空间方案设计</td><td>工作任务</td><td colspan="2">别墅厨卫空间规划设计</td></tr>
<tr><td colspan="3">评价学时</td><td colspan="4">1</td></tr>
<tr><td>考核项目</td><td>考核内容及要求</td><td>分值</td><td>学生自评<br>10%</td><td>小组评分<br>20%</td><td>教师评分<br>70%</td><td>实得分</td></tr>
<tr><td>设计方案</td><td>方案合理性、创新性、完整性</td><td>50</td><td></td><td></td><td></td><td></td></tr>
<tr><td>方案表达</td><td>设计理念表达</td><td>15</td><td></td><td></td><td></td><td></td></tr>
<tr><td>完成时间</td><td>3 课时时间内完成，每超时 5 分钟扣 1 分</td><td>15</td><td></td><td></td><td></td><td></td></tr>
<tr><td rowspan="2">小组合作</td><td>能够独立完成任务得满分</td><td rowspan="2">20</td><td></td><td></td><td></td><td></td></tr>
<tr><td>在组内成员帮助下完成得 15 分</td><td></td><td></td><td></td><td></td></tr>
<tr><td colspan="2">总分</td><td>100</td><td></td><td></td><td></td><td></td></tr>
</table>

<table>
<tr><td rowspan="4">项目评价</td><td>班　　级</td><td></td><td>姓　　名</td><td></td><td>学号</td><td></td></tr>
<tr><td>第　　组</td><td>组长签字</td><td colspan="4"></td></tr>
<tr><td colspan="6">评语：</td></tr>
<tr><td>教师签字</td><td colspan="2"></td><td>日期</td><td colspan="2"></td></tr>
</table>

## 六、项目总结

别墅厨卫空间设计是着手别墅辅助空间设计的一环，这个阶段要在前期常规空间规划完成之后进行。在前期项目调研的基础上，分析有关资料和信息，对设计方案总体考虑，通过空间的规划，确定方案设计的方向，包括厨卫空间设计风格，储物及各个功能区域划分，色彩、材质及造型的初步确定等。常规空间的合理设计对于辅助空间的设计有着重要的指导作用，在卫生间设计上有更加明显的体现。只有将功能与视觉形式结合在一起，才能做出上乘的设计。

## 七、项目实训

（1）用 AutoCAD 软件复原现场，测量建筑空间尺寸。

（2）进行别墅厨卫空间的平面规划。

（3）别墅厨卫空间设计方案策划。

## 八、参考资料

### （一）图书资料

张绮曼，郑曙旸. 室内设计资料集. 北京：中国建筑工业出版社，1991.

### （二）网络资料

（1）搜房网 http://news.fz.soufun.com/2012-11-05/8906289.htm。

（2）百度经验 http://jingyan.bai。

# 项目四　别墅庭院设计

| 别墅庭院设计实施计划表 | |
|---|---|
| 一、项目导入 | |
| （一）项目名称 | 别墅庭院设计 |
| （二）项目背景 | 此项目为别墅庭院设计项目，位于哈尔滨市帽儿山别墅区，帽儿山别墅庭院面积约为 400m²，根据甲方要求结合周围环境完成别墅庭院设计 |
| （三）项目图纸 | 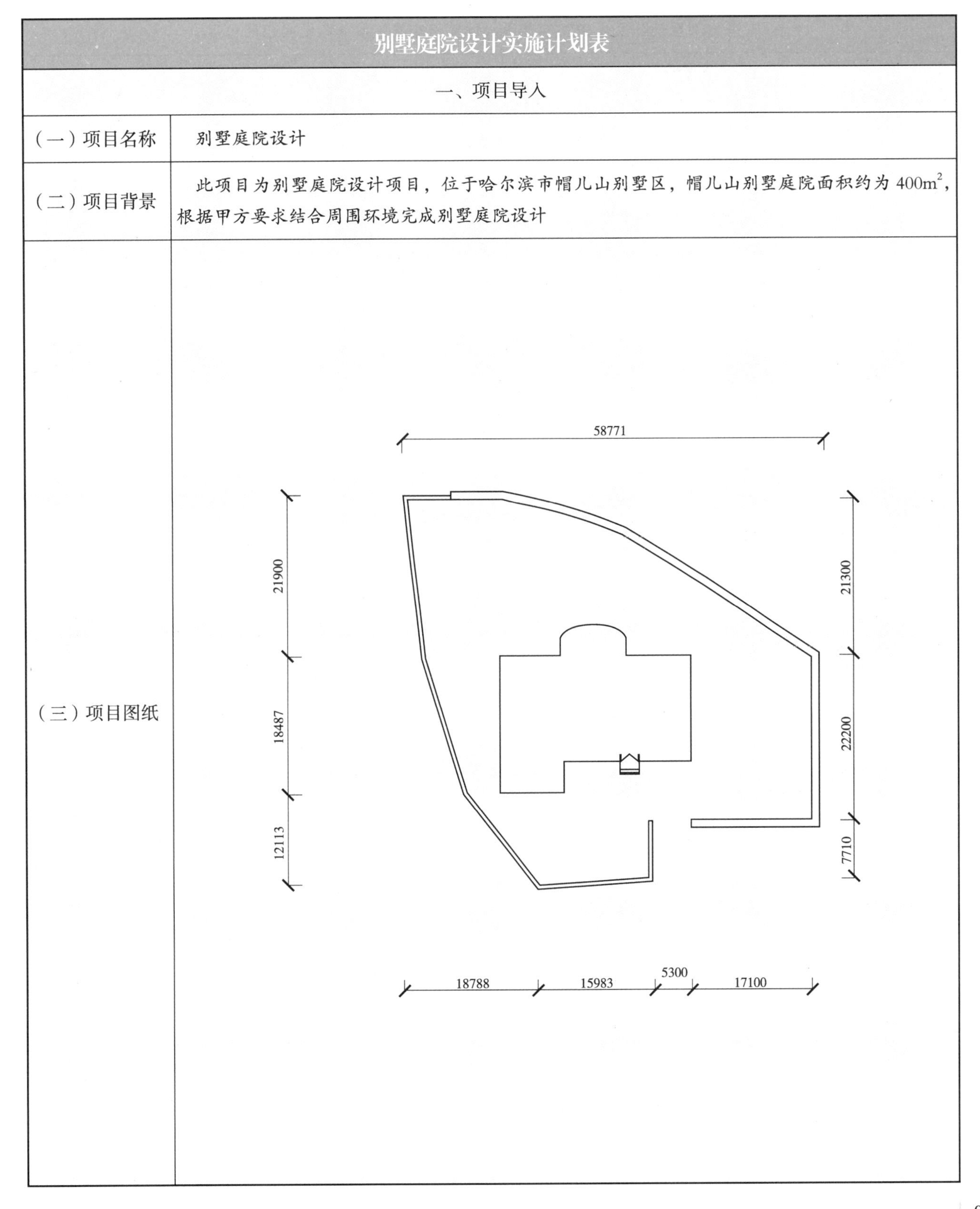 |

<table>
<tr><td colspan="2">二、项目分析</td></tr>
<tr><td>（一）设计要求</td><td>1. 风格定位：设计要根据甲方要求和周围环境进行定位，设计以现代庭院为主。<br>2. 功能设计：功能划分要考虑庭院功能划分的特点，合理安排前院、侧院、后院的硬软质景观，符合功能及审美要求。<br>3. 考虑别墅设计主体建筑本身所在位置以及建筑本身各空间门的位置</td></tr>
<tr><td>（二）项目成果要求</td><td>1. 手绘草图：别墅庭院平面布置草图 1 张、局部景观透视草图 1 ～ 2 张（A3 幅面）。<br>2. 计算机施工图：别墅庭院平面布置图 1 张（A3 幅面）。<br>3. 植物应用图例：标注使用的植物（可在平面布置图中同时表示）。<br>4. 计算机效果图：别墅庭院鸟瞰效果图 1 张（A3 幅面）</td></tr>
<tr><td>（三）项目实施要求</td><td>1. 要求学生分组合作，自主完成，作品要有自己的创意。<br>（1）班级分组，以团队合作的形式共同完成项目，建议 4 ～ 6 人为一组，每个小组选出 1 名组长，负责项目任务的组织与协调，带领小组完成项目。小组成员需要独立完成各自分配的任务，并保证设计方案的整体性（后附班级分组表）。<br>（2）每个小组完成最为完善的设计方案，并制作整套图纸。选出 1 名组员负责方案的讲解和答辩。<br>2. 布局和功能合理，设计风格符合甲方要求。<br>3. 手绘草图结构准确、设计思路表达清楚；计算机效果图构图完整、比例关系准确、场景表现效果良好；施工图符合制图规范要求，植物及景观建筑标注详细、使用合理</td></tr>
<tr><td colspan="2">三、项目考核方式</td></tr>
<tr><td colspan="2">1. 过程考核。通过小组成员在实训过程的态度表现，进行考核评分，包括出勤情况、完成任务的效率和质量、团队合作的情况等。这部分分值占总分的 40%。<br>2. 成果考核。对学生在实训中完成的整套项目成果进行考核，包括任务完成的作品质量、方案陈述的情况等。这部分分值占总分的 50%。<br>3. 综合评价考核。在学生最终作品完成后，邀请合作企业的相关人员，如设计师、工程技术人员与专业评价教师团成员，以行业企业的标准对学生的作品进行综合评价。这部分分值占总分的 10%</td></tr>
<tr><td colspan="2">四、学习总目标</td></tr>
<tr><td colspan="2">知识目标：掌握别墅庭院基本功能、设计程序和设计方法<br>能力目标：培养学生别墅庭院软硬质景观设计能力、计算机效果图和施工图绘制能力、设计表现能力<br>素质目标：培养学生团队合作能力、设计创新能力、语言表达与沟通能力</td></tr>
<tr><td colspan="2">五、项目实施内容</td></tr>
<tr><td>子项目 1 别墅庭院硬质景观设计</td><td>10 课时</td></tr>
<tr><td>子项目 2 别墅庭院软质景观设计</td><td>10 课时</td></tr>
</table>

# 子项目1 别墅庭院硬质景观设计

## 一、学习目标

### （一）知识目标

（1）掌握别墅庭院硬质景观的设计方法。

（2）掌握别墅庭院硬质景观平面布置设计方法。

（3）掌握别墅庭院施工图绘制方法。

（4）掌握别墅庭院鸟瞰图表现方法。

### （二）能力目标

（1）培养学生设计快速表现能力。

（2）培养学生计算机施工图绘制能力。

（3）培养学术计算机鸟瞰图绘制能力。

### （三）素质目标

（1）培养学生团队合作意识。

（2）培养学生表达设计意图的方式。

（3）培养学生的创造性思维。

## 二、项目实施步骤

### （一）方案草图绘制

根据前期方案策划所确定的设计思路，将别墅庭院硬质景观各个分区的设计方案用快速表现的方式绘制出来，并作为计算机施工图和计算机鸟瞰图制作的依据。

### （二）计算机施工图绘制

依照现场的原始图及设计方案草图，绘制别墅庭院硬质景观的平面布置图。

### （三）计算机效果图绘制

在 3ds Max 里导入平面图，根据设计方案，选取合适的角度，制作别墅庭院硬质景观计算机鸟瞰图。

## 三、知识链接

### （一）别墅庭院空间布局

花园式宅院绿化在我国历史悠久，形式多样，南北方各具特色。以苏州的私家古典园林最为代表性。近年来，随着我国经济的迅速发展，各地已出现了部分高收入阶层居住的低层高标准住宅房，形成了独门独院的独立别墅和联体别墅。每户房前留有较大面积的庭院，这里需要创造一个更加优美的绿化环境。别墅主建筑通常布置在基地的中部，在基地周围形成前院、主庭、中庭、侧院和后院。因此，别墅庭院是由前院、主庭、中庭、侧院和后院共同组成的。

1. 别墅庭院的五个空间

别墅庭院空间设计主要是别墅建筑主体室外空间设计。

（1）前院。一般是别墅对外的公共空间，是从大门到房门之间的区域。这一区域给外来访客以第一印象，因此要保持清洁。前院包括大门区域、进口道路、回车道、屋基植栽及若干花坛等。设计前院时，要注意与主体建筑、四周街道环境相协调，不宜有太多变化，喧宾夺主。

（2）主庭。紧接起居室、会客厅、书房、餐厅等室内主要部分的庭园区域，面积最大，是一般住宅庭院中最重要的区域，也是别墅庭院景观的核心景观，最适宜发挥家庭的特征，是家人休息、读书、聊天、游戏等从事户外活动的重要场所。位置适宜布置在庭院的最好部分，最好是南向或东南向，日照应充足，通风良好。为使主庭功能充分表现，可根据地域特色，因地制宜地设置水池、花坛、平台、座椅及家具等作为室外起居室之用。

（3）中庭。指三面被房屋包围的庭院区域，通常占地最少。一般中庭日照、通风都较差，不适宜种植树木、花草，但如果摆设雕塑、山石或铺设卵石等就较合适。如需选配植物，应选择较耐阴的种类，栽植的数量也不可多，保持中庭空间的幽静整洁。

（4）侧院。联通前院和后院的交通空间。可以采用踏石或其他铺地材料增加庭院的趣味性，沿着通道种植花草，更能衬托出庭院的气氛。

（5）后院。家人工作的区域，同厨房与卫生间相对，是日常生活中接触最多的地方。后庭的位置很少向南，为防夏日西晒。后院栽植树木种类以常绿为佳。事务区应与庭院其他区域隔离，为不公开区域。

2. 别墅庭院空间的基本功能

（1）前院。一是形成别墅庭院景观的前奏，以便从外部来欣赏别墅建筑；二是到达别墅建筑入口的公共区域，它是别墅主人以及亲朋好友和其他拜访者进入别墅的重要通道。

（2）主庭。容纳多种私密活动的场所，通常包括休闲娱乐、接待客人、读书写作、修理与制作活动等。

（3）中庭。主要为装饰功能，可设置山石、雕塑等，具有调节景观的作用。

（4）侧院。组织前院和后院的交通。

（5）后院。后院是紧接厨房、浴室的最实用区域。通常是放置杂物、垃圾桶及晒衣服的场所，以保持畅通为原则。

3. 别墅庭院特点

（1）个性化。别墅设计属于高级住宅设计，通常其业主具有一定的社会地位或经济能力，因此对个性化要求较高。不同业主家庭成员构成不一样，每个家庭的需求也不一样，所以个性化是别墅庭院设计的趋势。

（2）私密性。别墅庭院空间是外围封闭而中心开敞的较为私密的空间，有一定的场所感，便于业主及亲朋好友聚会交流。

（3）延伸性。别墅庭院中的景观在一定程度上延续了别墅建筑室内空间的风格，所以在别墅室内空间设计的过程中也要考虑别墅外部环境的整体风格。

## （二）别墅庭院硬质景观

硬质景观是指以人造形式存在的各种景观要素，如铺地、墙体、栏杆、景观构筑等。

1. 园路设计

园路是为便于人的交通和活动而铺设的地面，具有耐损防滑、防尘排水、容易管理的性能，并以其导向性和装饰性的地面景观服务于整体环境。园路设计的总体原则是：园路要精心设计，因景设路、因路得景，做到移步异景（图 4–1）。

图 4–1　园路设计

（1）园路的类型。

1）按平面构图形式分类。

a. 规则式。一般为中轴对称，几何形道路形式，突出人工美（图 4–2）。

b. 自然式。自然曲折、曲径通幽，无规律可循，突出自然美（图 4–3）。

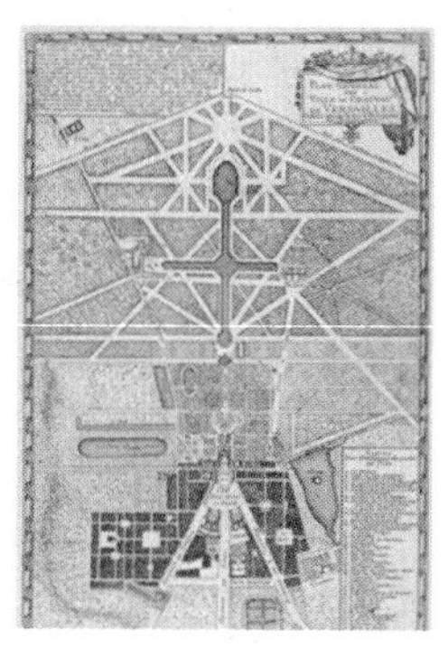

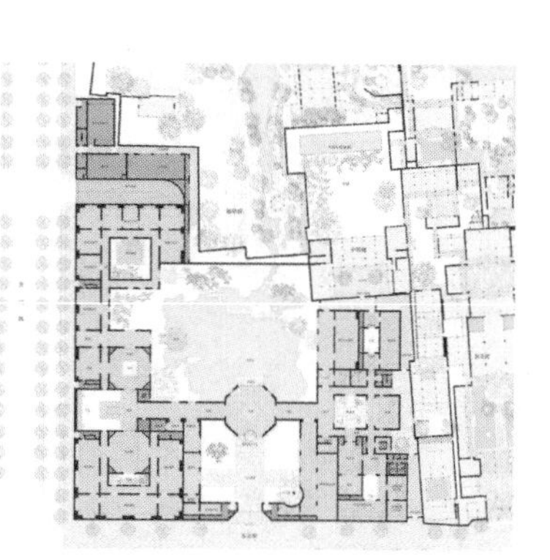

图 4–2　法国凡尔赛宫平面图　图 4–3　苏州博物馆平面图

2）按性质和功能分类（图 4–4）。

a. 主干道。从入口通向全园各景区中心、主要景点、主要建筑的道路。

规格：根据性质和规模的不同而异，以能通行双向机动车为宜。中小型绿地一般路宽 3 ~ 5m，大型绿地一般路宽 6 ~ 8m。

原则：形成全园的骨架和回路，拼装图案尽量统一协调。

b. 次干道。分散在各景区，连接景区内各景点并且和各主要建筑相连的道路。

规格：以能通行单向机动车为宜，一般路宽 2 ~ 3m。

原则：自然曲度大于主干道。

c. 游步道。引导游人深入到园林各个角落的道路，供散步休息之用。

规格：以满足双人并肩行走为宜，一般路宽 1.2 ~ 2m，小径为 0.8 ~ 1m。

原则：以婉转的曲线构图成景，与周围的景物相互渗透、吻合，材料多选用简洁、粗犷、质朴的自然石材（片岩、条石、卵石等）。

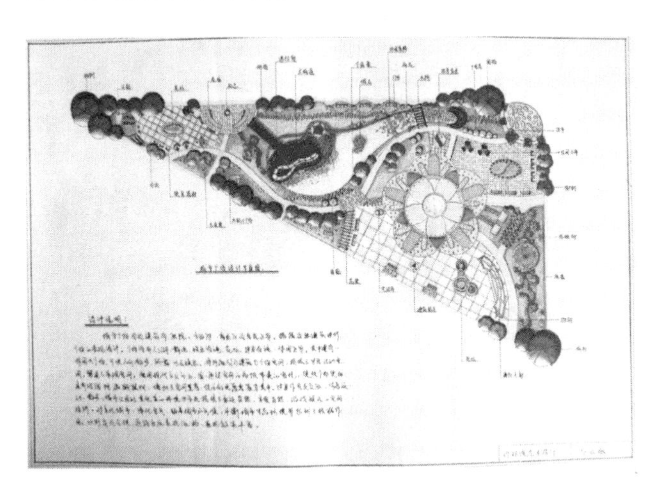

图 4–4　2007 级环境艺术设计一班学生作品（赵沅涿）

3）按路面铺装材料分类。

a. 整体路面。用混凝土或沥青进行整体浇筑的路面（图 4–5）。

特点：平整、耐压、耐磨。

用途：用于车辆、人流集中的主路。

图 4–5　整体路面

b. 块料路面。用各种天然块料或预制混凝土块料铺成的路面（图 4–6）。

特点：坚固、平稳、便于行走。

用途：适用于游步道或少量轻型车通行的道路。

图 4–6　块料路面

c. 碎料路面。用各种碎石、瓦片、卵石等拼砌而成的路面（图 4–7）。

特点：经济、美观、装饰性强。

用途：适用于庭园或游步道。

图 4–7　碎料路面

d. 简易路面。由三合土（泥渣、熟石灰、炉渣）、煤渣等材料铺成的临时性路面（图 4–8）。

特点：铺设速度快、成本低。

用途：用于临时性或过渡性道路。

图 4–8　简易路面

（2）园路设计方法。

1）棋盘式（网格式）（图 4–9）。

特点：由明显的轴线控制着整个道路的布局，一般主路为整个布局的轴线，次路和其他道路沿轴线对称，组成闭合的“棋盘”。

用途：适用于规则式园林，道路规整、规律性强。但这种道路较单调，有时会受到山地的限制，较适用于平地。

图 4–9　棋盘式园路设计（西安大慈恩寺北广场）

2）套环式（图 4–10）。

特点：由主路构成一个闭合的大型环路或一个 8 字形的双环路，再由很多次路和游步道从主路上分出，并相互穿插、连接与闭合，构成另一些较小的环路。

用途：主路、次路以及游步道之间形成环环相套、互相连通的关系，少有尽端。适用于自然式园林。

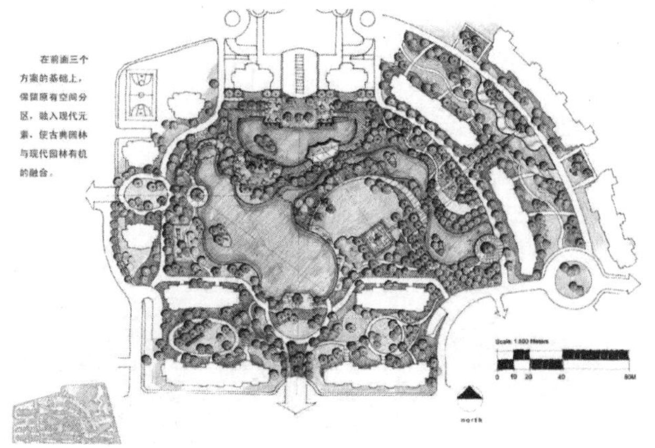


图 4–10　套环式园路设计

3）条带式（图 4–11）。

特点：主路呈条带状，始端和尽端各在一方，并不闭合成环，在主路的一侧或两侧，可以穿插一些次路和游步道，次路和游步道之间可以局部闭合成环路。

用途：用于地形狭长地带。

图 4–11　条带式园路设计

4）树枝式（图 4–12）。

特点：用于以山谷、河谷地形为主的园林风景区，主路一般只能布置在谷地，沿着河沟从下向上延伸，两侧山坡上的多数景点都是主路分出的一些支路，支路多数为尽端式。

用途：适宜在地势低洼地区修建。

图 4–12　树枝式园路设计

2. 建筑与小品设计

别墅庭院景观中的建筑与小品是指假山、亭廊、花架、雕塑、公共坐具等各种在庭院中可摆设的物品。这些物品一般体量都很小，但在庭院中却能起到画龙点睛的作用。这些建筑与小品可把周围环境和外界景色组织起来，使庭院更富有情趣。

（1）假山。别墅庭院所用的“假山”是相对于自然形成的“真山”而言的。假山的材料一般有两种，一种是天然的山石材料，还有一种是人工塑料翻模成型的假山。

1）选石要点。中国古典园林中的选石，强调山石的“透、瘦、皱、漏、清、丑、顽、拙”。这是因为这八种不同的石形蕴涵着不同的审美情趣。“透”，玲珑多孔，以通透比拟耳聪目明的意态；“瘦”，细削却显棱角分明，不屈不阿的风骨；“皱”，起伏多变、呈现风姿绰约的情韵；“漏”，则暗喻血脉畅通的活力；“清”，表示阴柔之美；“丑”，表示奇突；“顽”，表示阳刚之美；“拙”，则有浑朴的气质。形象展示性格，任凭你自己去想象、理解、领悟，因而能调动起人们丰富的情感（图 4–13）。

图 4–13　苏州留园冠云峰

2）常用山石要点。

a. 特置石。又称“厅石”，即厅堂前的“玲珑石块”。特置石可布置在景点的显眼之处，起到点睛的作用。特置石要少而精，一般就一两块。

b. 峭壁石。常用山石配以植物、浮雕、流水。用于庭院墙壁、大厅布置。

c. 散点石。将山石三五成群，散置于路旁、林下、台阶边缘、建筑物转角处，配合地形与植物形成景观。

d. 驳岸石。山石沿着水边或山体高低错落、前后变化，起到固土保堤的作用。

e. 山石瀑布。假山堆砌形成一定高差，引水由上而下，形成瀑布跌水。

（2）亭。别墅庭院中精巧的小型建筑物。

1）亭的平面形式。主要分为三角亭、方亭、长方亭、六角亭、八角亭、圆亭、扇形亭、双层亭等（表 4–1）。

**表 4–1　各类亭的形式示意图**

| 编号 | 名称 | 平面基本形式示意 | 立面基本形式示意 | 平面立面组合形式示意 |
|---|---|---|---|---|
| 1 | 三角亭 | | | |
| 2 | 方亭 | | | |
| 3 | 长方亭 | | | |
| 4 | 六角亭 | | | |
| 5 | 八角亭 | | | |
| 6 | 圆亭 | | | |
| 7 | 扇形亭 | | | |
| 8 | 双层亭 | | | |

2）亭顶的形式。主要分为攒尖顶（圆攒、角攒）、歇山顶、卷棚顶、悬山顶、硬山顶、开口顶、单檐与重檐等（图 4–14）。

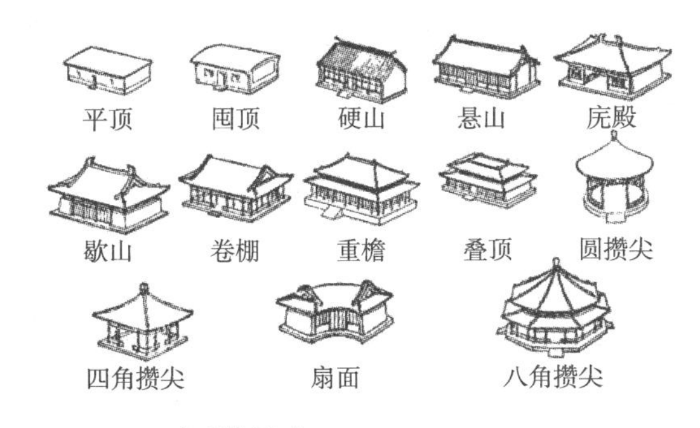


图 4–14　亭顶的形式

3）亭柱。根据柱的数量的不同，主要分为单柱亭（伞亭）、双柱亭（半亭）、三柱亭（角亭）、四柱亭（方亭、长方亭）、五柱亭（圆亭、梅花五瓣亭）、六柱亭（重檐亭、六角亭）、八柱亭（八角亭）、十二柱亭（方亭、12 个月份亭、12 个时辰亭）等。

4）亭的体量。亭的体量不论平面、立面都不宜过大过高，一般小巧而集中。亭的直径一般为 3 ~ 5m，还要根据具体情况来确定。

5）亭的材料。主要分为木亭、石亭、竹亭、茅草亭、砖亭、仿竹亭、树皮亭、钢筋混凝土结构亭、钢结构亭、玻璃亭、膜结构亭等。

6）亭的布置。“亭安有式、基立无凭”（图 4–15）。

a. 山地建亭。宜于鸟瞰远眺的地形。

b. 临水建亭。尽量贴近水面，小水面建亭宜低临水面；大水面设置临水高台，在台上建亭。

c. 平地建亭。位置随意，一般建于道路的交叉口上、路旁边的林荫之中。

（3）廊。有顶盖的游览通道，防雨遮阳。

1）廊的形式（表 4–2）。

图 4–15　亭的布置

图 4–16　单柱花架

表 4–2　廊的形式

| （一）廊的经营位置与形式 | | |
|---|---|---|
| 平地廊　可沿墙建廊，亦可为附属于建筑的廊和独立廊 | 爬山廊　廊内可设踏步或斜坡，用廊连系山坡上下建筑，可组成山坡庭园 | 水走廊　在水边或水上建廊，供游人观赏水景 |
| **（二）廊的平面形式** | | |
| 直廊　常与亭、榭等其他建筑组合在一起，避免单调 | 曲廊　引导游人行进时不断改变角度，以变换景色 | 回廊　可建在建筑物、大树或水池周围 |
| **（三）廊的内部空间形式** | | |
| 空廊　用于划分庭园空间时，使庭园景色即有联系又有分割 | 半廊　一面朝向庭园，另一面为墙或漏花墙 | 暖廊　窗可以开闭，以适应气候变化 |
| 复廊　中间隔一道墙的廊，墙上多开有漏窗，使窗外景物隐约可见 | 里外廊　同一走廊，一面为空廊，一面为实墙，实墙沿廊的纵向左右向错 | 双层廊　适于登高眺望 |

2）廊的设计。廊的开间一般长 3 ~ 4m，进深 2 ~ 3m，高度 3m 左右。

（4）花架。攀援植物的亭、廊。

1）常用花架类型。

a. 单柱花架。一个柱子支撑整体花架，为了整体的稳定和美观，单柱花架在平面上宜做成曲线形或折线形（图 4–16）。

b. 双柱花架。两排柱子支撑整体花架，其平面排列可等距也可以非等距；立面也不一定是直线的，也可以是曲线或折线的（图 4–17）。

c. 直廊花架。通常在平面与立面上都为直线（图 4–18）。

图 4-17　双柱花架

图 4-18　直廊花架

2）庭院花架设计要点。

a. 花架不宜太大、太高，同时整体风格尽量接近自然。

b. 花架四周一般都为通透开敞的空间，人们在花架中自由穿梭好似置身于自然之中。

c. 根据攀援植物的特点来设计花架的材料和构造。一般情况下，一个花架配植一种攀援植物，再搭配 2 ~ 3 种其他植物相互补充。

（5）园桥。园林中的桥，可以联系风景点的水路交通，组织游览路线，变换观赏视线，点缀水景，增加水面层次，兼有交通和艺术欣赏的双重作用。

1）园桥的类型。

a. 拱桥。造型优美、曲线圆润、富有动态感（图 4-19）。

b. 亭桥（图 4-20）。

c. 廊桥（图 4-21）。

d. 吊桥（图 4-22）。

2）园桥的材料。

a. 木桥、竹桥。主要由木材和竹材组成，具有就地取材和容易与环境融为一体的特点，但易腐朽和被破坏，养护工程量很大。

b. 石桥。主要由石材组成，具有就地取材、古朴耐久的特点。

c. 钢筋混凝土桥。主体采用现浇或预制的钢筋混凝土结构，具有经久耐用、使用性强等特点，造价高，适用于跨度较大的桥位。

d. 钢桥。主体结构为型钢组成，具有轻便、施工简单的特点。

（6）汀步。浅水中按一定间距布设的块石，微露水面，供人们跨步而过（图 4-23）。

图 4-19　拱桥

图 4-20　亭桥

图 4-21　廊桥（苏州拙政园“小飞虹”）

图 4-22　吊桥

图 4-23　汀步

（7）护栏。由外形美观的短柱和水平横杆或花纹图案，按一定间隔距离有规律地排成栅栏状的构筑物（图4-24）。

1）护栏的材料。主要有混凝土、金属、塑料、石材。

2）设计要点。高度一般为40 ~ 100cm，间隔为60cm左右。考虑到残疾人的出入方便，间隔可为90 ~ 120cm，护栏前后应有150cm左右的轮椅空间。

3）作用。一般设置在步行商业街道入口、广场入口、居住区等场所，起到防止车辆侵入或限制行人穿越的作用。

图4-24　护栏

3. 公共设施设计

别墅庭院景观中的公共设施是指公共环境中为人的行为和活动提供方便条件并具有一定质量保障的各种共用服务设施。景观公共设施首先要满足功能要求，为人们在日常生活中提供使用方便和具有视觉美感的一些基本设施。

（1）路灯（图4-25）。夜晚灯光是美化城市环境的重要手段。路灯的用途主要有：车行照明、人行照明、场地照明、安全照明和特写照明。

1）高杆照明。高度4 ~ 12m，设置间距为10 ~ 15m，照度高，光线大部分较均匀地投射在道路中央，以利于机动车辆的通行。适用于照射绿地、街道、人们聚集的区域。

2）低杆照明。高度90cm以下，光源低，扩散少，光线柔和。适用于绿化、坡道、台阶处。

3）环境小品照明。在广场中的雕塑、喷泉、纪念碑等环境设施周围给予的适当照明。

a. 水池灯。用于水池中，作为水面、水柱、水花的彩色灯光照明。水下灯的滤色片分为红、黄、绿、蓝、透明五种，可自由搭配。

b. 地灯。埋设于园林、广场、街道地面的低位路灯，含而不露，为行人引路并创造出朦胧的环境氛围。

c. 园灯。一般设置在庭园小径边，灯高1 ~ 4m，灯具造型主要有现代和古典两种风格。园灯的设置应与树木、建筑掩映成趣。

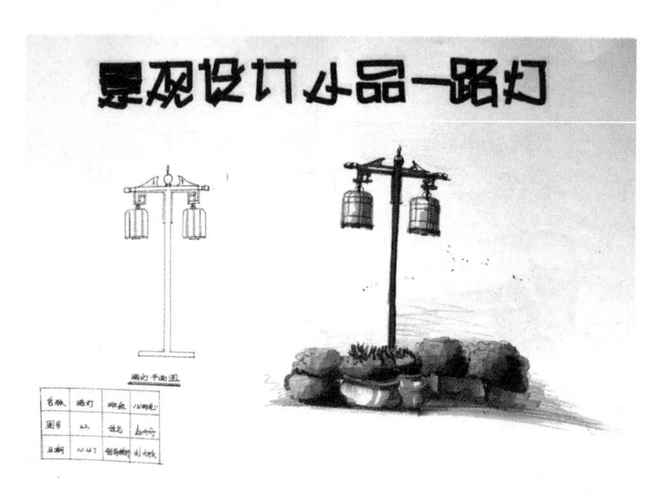


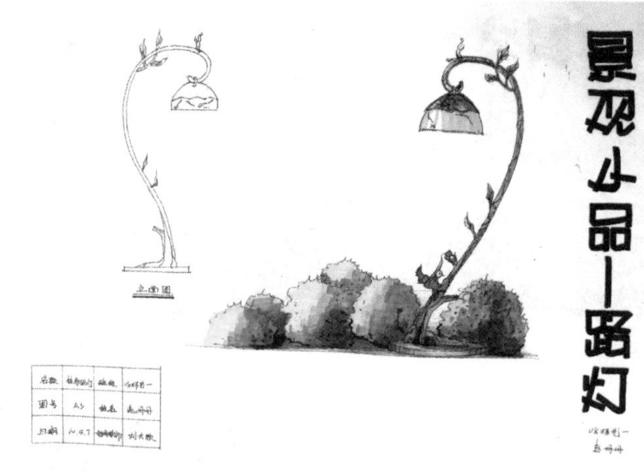


图4-25　路灯（学生作品）

（2）座椅、园桌。座椅、园桌是环境景观的重要构成部分，属于公共服务设施中的休息设施，是业主休闲娱乐的物质载体。座椅、园桌可以设置在广场、居住区、水景周边、儿童游戏区等公共空间内任何需要的位置，设置的大小、样式要与所在空间的特性、大小、尺度相适宜。

1）公共坐具类型。

a. 凳。一般设于场地的边缘，供人们坐或较长时间地休息，可结合路灯、花坛、雕塑等设置。

b. 椅。有靠背，有些还有扶手，以正坐社交或休息为主，它的造型、色彩、质感、结构和设计可依据特定的环境。一般带靠背的座椅坐面与靠背成 97° 夹角，半躺型的座椅坐面与靠背成 104° 夹角，全躺型的座椅坐面与靠背成 126° 夹角。

2）座椅、园桌设计原则。

a. 公共空间内应该按照人流量、观景、避风向阳、遮阴、遮雨等因素合理设置座椅和园桌，其数量可以根据游人数量进行调整。

b. 座椅和园桌的设计要符合人性化原则，尺寸应尽量满足人体的最佳需求。

3）座椅的基本尺寸（表 4–3）。

**表 4–3 座椅基本尺寸** 单位：mm

| 使用者 | 高 | 宽 | 长 |
| --- | --- | --- | --- |
| 成人 | 370 ~ 430 | 400 ~ 450 | 1800 ~ 2000 |
| 儿童 | 300 ~ 350 | 350 ~ 400 | 400 ~ 600 |
| 成人、儿童兼用 | 350 ~ 400 | 380 ~ 430 | 1200 ~ 1500 |

4）座椅常用设计方法。

a. 单体型。部分存在于环境中，如路障、木墩等。对于人流量大、不宜让人长时间逗留的地方，利用其特殊的造型使人难以长坐（图 4–26）。

b. 直线型。基本的长椅形式（一般 2m，3 人座），自由转身面对面交谈，使用者之间的互动距离为 1.2m（图 4–27）。

c. 角落型。角度的变化适合两向面谈，而不至于膝盖互碰，适合多人间的互动关系，站着的人会影响临近的通道（图 4–28）。

d. 多角型。适合于各种不同社交活动的需要（图 4–29）。

e. 圆型。适合于单独使用者，当人多时，两边的人就需倾斜身子，膝盖会互相碰撞（图 4–30）。

f. 群组型。灵活多变（图 4–31）。

（3）门窗、洞。装饰类小品设计，起到组织空间、引导视线、装饰、对景作用。

1）门窗的形式。空窗、景窗、漏窗等（图 4–32）。

2）门洞的形式。几何形（圆形、方形、直方形、多角形等）；仿生形（海棠形、桃形、葫芦形、花瓶形等）（图 4–33）。

（4）景墙。分隔空间、丰富景观层次以及控制引导游览路线的构筑物（图 4–34）。

（5）雕塑。以观赏和装饰性为主的立体造型。雕塑小品的题材不拘一格，形体可大可小，形象可自然、可抽象（图 4–35）。

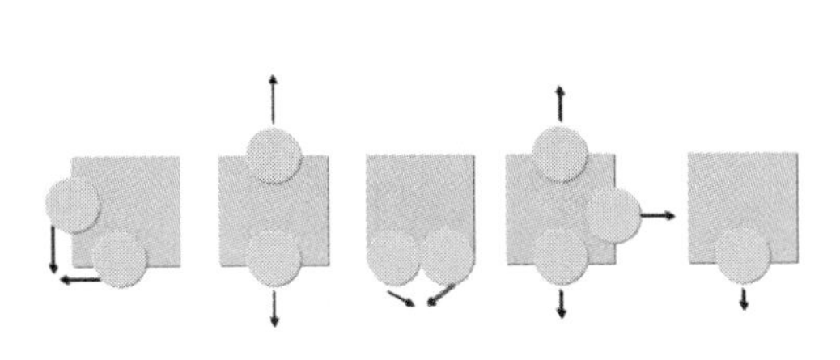

图 4–26 座椅常用设计——单体型

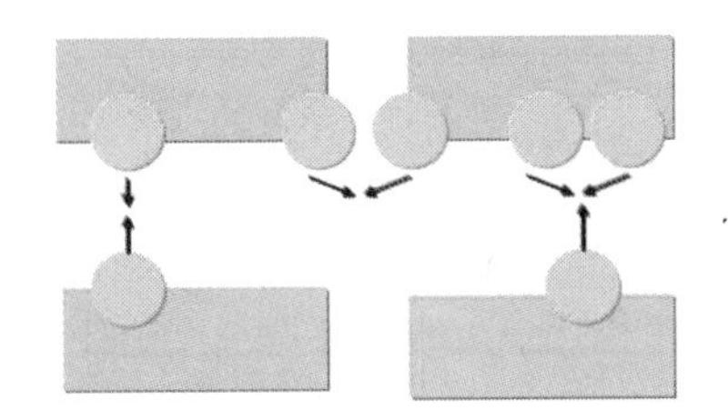

图 4–27 座椅常用设计——直线型

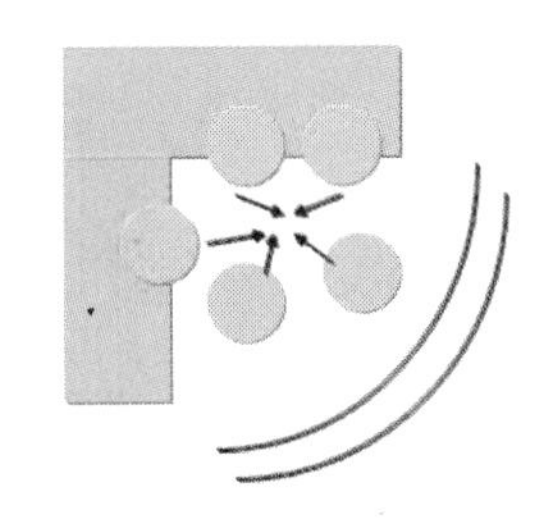

图 4–28 座椅常用设计——角落型

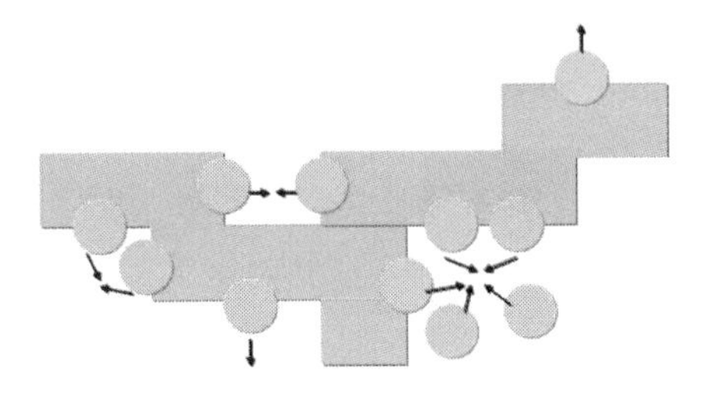

图 4–29 座椅常用设计——多角型

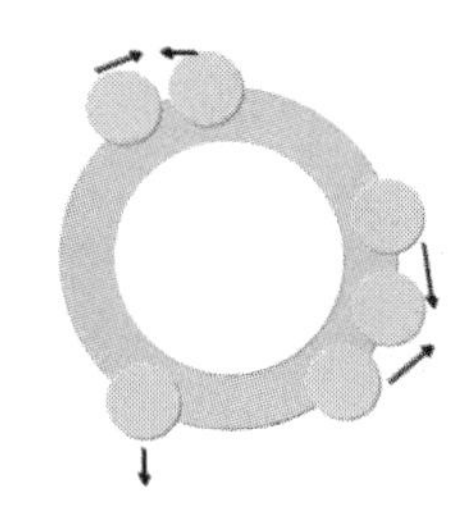

图 4–30 座椅常用设计——圆型

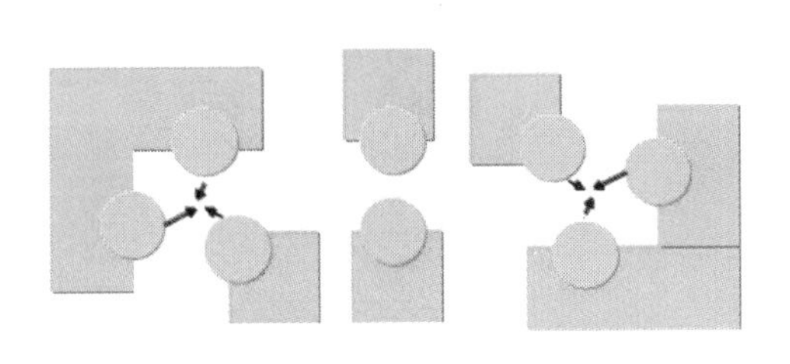

图 4–31 座椅常用设计——群组型

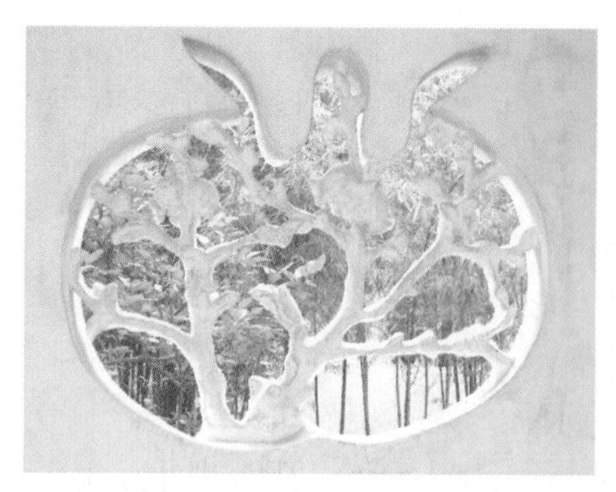

图 4-32　门窗形式

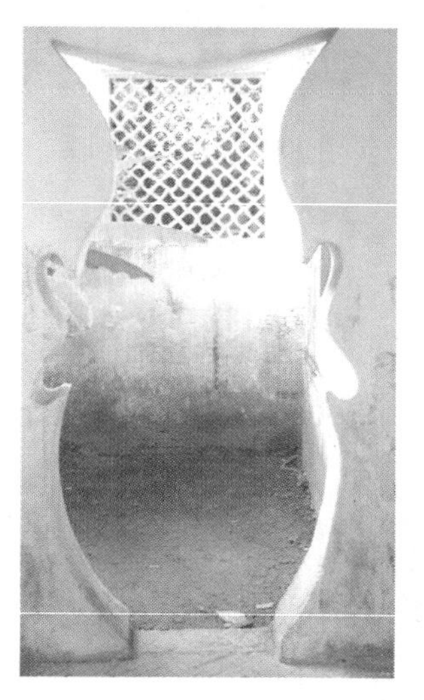

图 4-33　门洞形式

图 4-34　上海豫园景墙

1）人物雕塑。以情趣人物为题材，为环境增添活力。

2）动物雕塑。使环境更祥和、自然、生动。

3）抽象型雕塑。含义深奥，能做到“似与不似”。

4）冰雪雕塑。东北地区的特色，受地域性和环境限制。

图 4-35 雕塑

## 四、项目检查表

<table>
<tr><th colspan="7">项目检查表</th></tr>
<tr><td colspan="2">实践项目</td><td colspan="5">别墅庭院设计项目</td></tr>
<tr><td colspan="2">子项目</td><td colspan="2">别墅庭院硬质景观设计</td><td>工作任务</td><td colspan="2">制作别墅庭院硬质景观方案草图、平面布置图、电脑鸟瞰图</td></tr>
<tr><td colspan="4">检查学时</td><td colspan="3">0.5</td></tr>
<tr><td>序号</td><td colspan="2">检查项目</td><td>检查标准</td><td>组内互查</td><td colspan="2">教师检查</td></tr>
<tr><td>1</td><td colspan="2">别墅庭院硬质景观手绘方案草图</td><td>方案创意性、手绘准确性</td><td></td><td colspan="2"></td></tr>
<tr><td>2</td><td colspan="2">别墅庭院硬质景观平面布置图</td><td>尺寸是否准确、是否符合制图规范、工艺是否准确</td><td></td><td colspan="2"></td></tr>
<tr><td>3</td><td colspan="2">别墅庭院硬质景观电脑鸟瞰图</td><td>空间表现效果、方案创意</td><td></td><td colspan="2"></td></tr>
<tr><td rowspan="4">检查评价</td><td colspan="2">班　　级</td><td></td><td>第　　组</td><td>组长签字</td><td></td></tr>
<tr><td colspan="2">小组成员签字</td><td colspan="4"></td></tr>
<tr><td colspan="6">评语：</td></tr>
<tr><td colspan="2">教师签字</td><td></td><td>日期</td><td colspan="2"></td></tr>
</table>

## 五、项目评价表

<table>
<tr><th colspan="7">项目评价表</th></tr>
<tr><td>实践项目</td><td colspan="6">别墅庭院设计项目</td></tr>
<tr><td>子项目</td><td>别墅庭院硬质景观设计</td><td colspan="3">工作任务</td><td colspan="2">制作别墅庭院硬质景观方案草图、平面布置图、电脑鸟瞰图</td></tr>
<tr><td colspan="2">评价学时</td><td colspan="5">1</td></tr>
<tr><td>考核项目</td><td>方案合理性、创新性、完整性</td><td>分值</td><td>学生自评 10%</td><td>小组评分 20%</td><td>教师评分 70%</td><td>实得分</td></tr>
<tr><td>方案表达</td><td>设计理念表达</td><td>50</td><td></td><td></td><td></td><td></td></tr>
<tr><td>完成时间</td><td>3 课时时间内完成，每超时 5 分钟扣 1 分</td><td>15</td><td></td><td></td><td></td><td></td></tr>
<tr><td rowspan="2">小组合作</td><td>能够独立完成任务得满分</td><td rowspan="2">20</td><td></td><td></td><td></td><td></td></tr>
<tr><td>在组内成员帮助下完成得 15 分</td><td></td><td></td><td></td><td></td></tr>
<tr><td colspan="2">总分</td><td>100</td><td></td><td></td><td></td><td></td></tr>
<tr><td rowspan="4">项目评价</td><td>班　　级</td><td colspan="2"></td><td>姓　　名</td><td>学号</td><td></td></tr>
<tr><td>第　　组</td><td colspan="2">组长签字</td><td colspan="3"></td></tr>
<tr><td colspan="6">评语：</td></tr>
<tr><td>教师签字</td><td colspan="2"></td><td colspan="2">日期</td><td></td></tr>
</table>

## 六、项目总结

别墅庭院硬质景观设计实训是本次项目实训的核心内容，是对别墅庭院硬质景观进行具体方案设计，并完成平面布置图和电脑鸟瞰图。这个阶段要确定设计方案的具体内容，即对别墅庭院园路、景观建筑与小品等进行最终确定，并要具体表现出来。在项目实践开始及实施过程中，要求小组成员要经常沟通，保证整个设计风格的统一性，小组成员所做的方案图纸应该是一致的，这样，整个小组才能拿出一套完整的设计方案。

## 七、项目实训

（1）用快速表现的方式手绘别墅庭院硬质景观方案平面布置草图和局部立面图。

（2）用 AutoCAD 绘制平面布置图。

（3）用 3ds Max 和 Photoshop 制作别墅庭院硬质景观的电脑鸟瞰图。

## 八、参考资料

### （一）图书资料

（1）李贺楠. 别墅建筑课程设计. 南京：江苏人民出版社，2013.

（2）中国建筑装饰协会. 景观设计师培训考试教材. 北京：中国建筑工业出版社，2006.

（3）张纵. 园林与庭院设计. 北京：机械工业出版社，2009.

### （二）网络资料

（1）景观中国 http://www.landscape.cn/Index.html。

（2）建筑论坛 http://www.abbs.com.cn/。

# 子项目 2 别墅庭院软质景观设计

## 一、学习目标

### （一）知识目标

（1）掌握别墅庭院软质景观的设计方法。

（2）掌握别墅庭院软质景观平面布置设计方法。

（3）掌握别墅庭院施工图绘制方法。

（4）掌握别墅庭院鸟瞰图表现方法。

### （二）能力目标

（1）培养学生设计快速表现能力。

（2）培养学生计算机施工图绘制能力。

（3）培养学术计算机鸟瞰图绘制能力。

### （三）素质目标

（1）培养学生团队合作意识。

（2）培养学生表达设计意图的方式。

（3）培养学生的创造性思维。

## 二、项目实施步骤

### （一）方案草图绘制

根据前期方案策划所确定的设计思路，将别墅庭院软质景观各个分区的设计方案用快速表现的方式绘制出来，并作为计算机施工图和计算机鸟瞰图制作的依据。

### （二）计算机施工图绘制

依照现场的原始图及设计方案草图，绘制别墅庭院软质景观的平面布置图、植物应用图例。

### （三）计算机效果图绘制

在 3ds Max 里导入平面图，根据设计方案，选取合适的角度，制作别墅庭院软质景观计算机鸟瞰图。

## 三、知识链接

### （一）植物应用设计

在我们生活的环境中，建（构）筑物越来越多，而植物却越来越少，生态环境也遭到了一定的破坏。为了改善人们赖以生存的环境，植物的应用设计也渐渐被人们重视。植物不仅有吸音滞尘、调节温度、防风固沙等功能，而且还具有观赏功能。植物的大小、色彩、形态、质地以及配植方式等，都能影响最终的景观效果。

1. 植物的基础分类

（1）乔木类（图 4-36）。树体高大，具有明显主干者，一般树木高 6m 以上。可细分为伟乔（大于 30m）、大乔（20 ~ 30m）、中乔（10 ~ 20m）及小乔（6 ~ 10m）等，树木的高度在植物造景时起着重要作用，一般乔木类用作背景起到陪衬作用。此外，依据树木的生长速度分为速生树、中速树、慢生树等；还可分为常绿乔木、落叶乔木；针乔、阔乔等。

图 4-36 乔木类植物

（2）灌木类（图 4-37）。通常有两种类型，一类是树体矮小（大于 6m），主干低矮者；还有一类是树体矮小，无明显主干，茎干自地面生出多数，而呈丛生状，又称为丛木类，如：绣线菊、溲疏、千头柏等。

图 4-37 灌木类植物

（3）铺地类（图 4–38）。指那些低矮的、铺展力强、常覆盖于地面的一类树木，多以覆盖裸露地表、防止尘土飞扬、防止水土流失、减少地表辐射、增加空气湿度、美化环境为主要目的。

图 4–38　铺地类植物

（4）藤蔓类（图 4–39）。地上部分不能直立生长，须攀附于其他支持物向上生长。在城市绿化空间越来越小的今天，这一类用于垂直绿化的植物日益受到重视。根据其攀附方式，可分为以下几种类型：

1）缠绕类。如葛藤、紫藤等。

2）钩刺类。如木香、藤本月季等。

3）卷须及叶攀类。如葡萄、铁线莲等。

4）吸附类。吸附器官都不一样，如凌霄借助吸附根攀援、爬山虎借助吸盘攀援。

图 4–39　藤蔓类植物

2. 园林中各种用途树种的选择与应用

（1）行道树的选择与应用（图 4–40）。行道树是指以美化、遮荫和防护为目的，在人行道、分车道、公园或广场游径、滨河路及城乡公路两侧成行栽植的树木。

1）行道树的选择要求。行道树树种必须要对不良条件有较强的抗性，要选择那些耐瘠薄、抗污染、耐损伤、抗病虫害、根系较深、干皮不怕强光曝晒、对各种灾害性气候有较强的抗御能力的树种，同时还要考虑生态功能、遮荫功能和景观功能的要求。

2）行道树的配植。行道树在配置上一般均采用规则式，其中又可分为对称式及非对称式，多数情况下道路两侧的立地条件相同，宜采用对称式，当两侧的条件不相同时，可采用非对称式，这种情况下一侧可采用林荫路的形式。行道树通常都是采用同一树种、同一规格、同一株行距、行列式栽植。

3）常用的行道树。常用的行道树有银杏、悬铃木、合欢、梓树、梧桐、刺槐、槐树、银白杨、新疆杨、加杨、青杨、钻天杨、银中杨、毛白杨、小叶杨、柳树、欧洲榆、圆冠榆、榆树、垂枝榆、栾树、复叶槭、白蜡树、美国白蜡、新疆小叶白蜡、毛泡桐、紫椴、心叶椴、榕树、香樟、臭椿等。

图 4–40　行道树

（2）庭荫树的选择与应用（图 4–41）。

1）庭荫树的选择要求。庭荫树是指栽植于庭院、绿地或公园以遮荫和观赏为目的的树木，庭荫树又称遮荫树、绿荫树。

2）庭荫树的配植。庭荫树在园林中占的比重很大，在配置上应细加考究，充分发挥各种庭荫树的观赏特性。其主要的配植方法有如下：

a. 在庭院或在局部小景区景点中，三或五株成丛地散植，形成有自然群落的景观效果。

b. 在规整的有轴线布局的景区栽植，这时庭荫树的作用与行道树接近。

c. 作为建筑小品的配景栽植，既丰富了立面景观效果，又能缓解建筑小品的硬线条和其他自然景观软线条之间的矛盾。

3）常用的庭荫树。常用的庭荫树有油松、白皮松、合欢、槐树、悬铃木、白蜡树、梧桐、泡桐、槭树类、杨树类、柳树类以及各种观花观果的乔木，种类繁多，不胜枚举。

4）庭荫树在应用时应注意：

a. 在庭院中最好不要用过多的常绿树种，终年阴暗易导致抑郁感。

b. 距建筑物窗前不宜过近，以免室内阴暗。

图 4-41　庭荫树

（3）孤赏树的选择与应用（图 4-42）。

1）孤赏树的选择要求。孤赏树又称孤植树、标本树、赏形树或独植树，是指为表现树木的形体美，可以独立成为景观供人观赏的树种。

2）孤赏树的配植。孤赏树在园林中通常有两种功能，一是作为园林空间的主景，展示树木的个体美；二是发挥遮荫功能。

3）常用的孤赏树。常用的孤赏树有雪松、白皮松、油松、圆柏、侧柏、青杄、白杄、白桦、元宝枫、蒙椴、紫叶李、核桃、柿子、山荆子、君迁子、白蜡、槐、皂荚、白榆、臭椿、银杏、山核桃、朴树、云杉、悬铃木、无患子、乌柏、合欢、枫香、鹅掌楸、白玉兰、鸡爪槭、七叶树、喜树、糙叶树、金钱松、榕树、腊肠树、

图 4-42　孤赏树

芒果、木棉、凤凰木、大花紫薇、南洋衫、南洋楹、柠檬桉、华山松、华北落叶松、垂枝桦、花楸、海棠花、山樱花、日本樱花、龙爪槐、珙桐等。

（4）群植树的选择与应用（图 4-43）。

1）群植树的选择要求。由二三十株以至数百株的乔、灌木成群配植称为群植，适宜群植的树木称为群植树。群植在一起的树木称为树群，树群可由单一树种组成的单种树群，也可由多个树种组成的混交树群，混交树群是树群的主要形式。群植树的选择条件比较宽泛，一般都选择那些栽植在一起有良好景观效果的乡土树种。

2）群植树的配植树群规模不宜太大，在构图上要四面空旷。最好采用郁闭式、成层的组合方式。树群内通常不允许游人进入，但是树群的北面，树冠开展的林缘部分，仍然可作庇荫之用。由于树群的树种数量多，特别是对较大的树群来说，树木之间的相互影响、相互作用变得突出，因此在树群的配置和营造中要十分注意

图 4-43　群植树

各种树木的生态习性，创造满足其生长的生态条件。配植中要注意耐阴种类的选择和应用。从景观营造角度考虑，要注意树群林冠线、林缘线的优美及色彩季相效果。一般常绿树在中央，可作背景，落叶树在外围，要注意画面配置的生动活泼。树群在园林中的观赏功能与树丛比较近似，在开朗宽阔的草坪及小山坡上都可用作主景，尤其配置于滨水效果更佳。

（5）观花树的选择与应用（图 4–44）。凡具有美丽的花朵或花序，其花形、花色或芳香有观赏价值的树木均称为观花树或花木。

1）观花树的选择要求。观花树种类繁多，是园林绿化建设的主体材料，也是香化、美化、彩化的重要素材，由于有很高的观赏价值，所以在园林中应用极广，有些可作独赏树或庭荫树，有些可作行道树，有些可作花篱或地被植物。

观花树可以是乔木也可以是灌木，选择时只要在花色、花形、花香等方面有特色就可作为观花树种应用。

2）观花树的配植。观花树在配植应用上也是多种多样的，可以孤植、对植、丛植、列植、修剪整形或用于棚架。观花树由于特色显著，常构成某一景区的主景。例如植于路旁、坡面、道路转角、坐椅周围、岩石旁，或配植湖边、岛边形成水中倒影。实际应用时，可以按花色的不同配植成具有各种色调的景区，也可以按开花季节的先后配植成各季花园。观花树也可以与其他园林要素相配合，产生烘托、对比、陪衬等效果。观花树也可以与建筑相配作基础种植用。某些种类的花由于栽培品种较多，可依其特色布置成各种专类花园，如牡丹园、丁香园、蔷薇园等；专类园的另一种形式是可以集各种香花于一堂，布置成芳香园。

图 4–44　观花树

3）常用的观花树。常用的观花树有连翘、丁香类、东陵八仙花、溲疏、山梅花、绣线菊类、榆叶梅、蔷薇类、文冠果、荚蒾类、锦带花、忍冬类、黄栌、杜鹃花等。

（6）垂直绿化树的选择与应用（图 4–45）。垂直绿化是利用攀援或悬垂植物装饰建筑物墙面、栏杆、棚架、杆柱及陡直的山坡等立体空间的一种绿化形式。藤本类是指能缠绕或攀附他物而向上生长的木质藤本。它们本身不能直立生长，是靠卷须、吸盘或吸附根等器官缠绕或攀附于他物而生长的。

目前常用的垂直绿化主要归纳为以下几类：

1）庭院的垂直绿化。庭院的垂直绿化可应用于庭院的入口处，形成花门、拱门；或者应用于庭院当中的假山石，增加山石的自然生气；或者应用于庭院中的花架、棚架、亭、榭、廊等处，形成花廊或绿廊，例如，可栽植花色丰富的爬蔓月季、紫藤等形成花廊，栽植葡萄、木香等形成绿廊，创造幽静而美丽的小环境。

2）墙面的垂直绿化。一般选用具有吸盘或吸附根容易攀附的植物，如爬山虎、扶芳藤、凌霄等，但要注意与门窗的位置和间距。另外，墙面的绿化还受墙面材料、朝向和墙面色彩等因素的制约，如水泥砂浆和水刷石等的粗糙墙面，攀附效果比较好，而石灰粉墙和油漆涂料的光滑墙面，攀附就比较困难。此外，攀援植物还能对景观不佳的建筑物进行遮蔽。

3）栅栏、篱笆、矮花墙等的垂直绿化。这些低矮且具通透性的分隔物，通过使用攀援植物，可以划分空间地域，起到分隔庭院和防护的作用。选用开花、常绿的攀援植物最好，如爬蔓月季、蔷薇类等。

4）立杆、立柱的垂直绿化。用凌霄、金银花、五叶地锦等垂直绿化材料，栽植于专设的支柱或墙柱旁，

图 4–45　垂直绿化

攀援植物靠卷须沿立柱上的牵引铁丝生长，形成立体绿化景观效果。

（7）绿篱及造型树的选择与应用（图 4–46）。将树木密植成行，按照一定的规格修剪或不修剪，形成绿色的墙垣，称为绿篱。在园林中，绿篱（又称为树篱或植篱）主要起分割空间、衬托景物，美化环境以及防护作用等。绿篱可作成装饰性图案、背景植物衬托，构成夹景、透景，突出水池或建筑物的外轮廓等。

绿篱按其高矮可分为高篱（1.2m 以上）、中篱（1 ~ 1.2m）和矮篱（0.4m 左右），按特点又可分为花篱、果篱、彩叶篱、枝篱、刺篱等，按树种习性分为常绿绿篱和落叶绿篱。适于作绿雕塑的树种以常绿针叶树为主，还有一些阔叶常绿树种，至于落叶树种仅偶有应用。各种植篱有不同的选择条件，但是总的要求是该树种应有较强的萌芽更新能力，以生长较缓慢、叶片较小、花小而密、果小而多、能大量繁殖的树种为宜。

常用的绿篱树种有：桧柏、侧柏、冬青、榆树、水蜡、雪柳、卫矛、小叶女贞、小叶黄杨、大叶黄杨、雀舌黄杨、大花溲疏、山梅花、小叶丁香、珍珠绣线菊、土庄绣线菊、三裂绣线菊、东北扁核木、金露梅、珍珠梅、黄刺玫、刺蔷薇、红花锦鸡儿、树锦鸡儿、小檗、花椒、沙棘、酸枣、刺李等。

图 4–46　绿篱

（8）地被植物的选择与应用（图 4–47）。地被植物是指株丛紧密低矮，用以覆盖园林地面防止杂草孳生的植物。草坪植物本身也是地被植物，但因具有重要的特殊地位，所以专门列为一类。凡能覆盖地面的植物均称地被植物，除草本植物外，木本植物中之矮小丛木或半蔓性的灌木以及藤本均可用作园林地被植物用。地被植物对改善环境、防止尘土飞扬、保持水土、涵养水源、抑制杂草生长、增加空气湿度、减少地面辐射热、美化环境等有良好作用。

1）地被植物的特点：一是种类繁多，枝、叶、花、果富于变化，色彩丰富，季相特征明显；二是适应性强，可以在阴、阳、干、湿等不同的环境条件下生长，形成不同的景观效果；三是有高低、层次上的变化，易于修饰成各种图案；四是繁殖简单，易于养护管理，成本低，见效快。但地被植物不易形成平坦的平面，大多不耐践踏。

2）适宜做地被的树种有：匍匐栒子、平枝栒子、葡萄、蛇葡萄、兴安圆柏、铺地柏、新疆方枝柏、沙地柏及百里香等。

图 4–47　地被植物

（9）草坪。草坪也是地被植物中的一类。之所以分开称呼，主要在于草坪尤指禾本科草类，地被植物还包括其他科属的低矮植物（图 4–48）。

1）观赏草坪（装饰性草坪）。园林绿地中专供欣赏的草坪称为观赏草坪，主要铺设在广场、街头绿地、雕塑、喷泉、纪念物周围，作为背景装饰或陪衬。这类草坪周边多采用精美的栏杆加以保护，不允许游人入内践踏。草种要求平整、低矮，色泽亮丽一致，茎叶细柔密集，栽培管理要求精细，并严格控制杂草生长。

2）休息草坪。这类草坪在绿地中没有固定的形状，面积可大可小，管理粗放，通常允许游人入内散步、休息、游戏及进行各类户外活动。此类草坪一般铺设在大型绿地中，如学校、疗养院、医院、有条件的居住区。草种要求耐践踏，萌生力强，返青早，枯黄晚。

3）运动草坪。铺设作为开展各类体育活动和娱乐活动的草坪，如足球场、高尔夫球场、武术、网球场等。草种要求耐践踏，耐修剪，生长势强。如狗牙根类。

4）缀花草坪。一般在草坪规划时，在以禾草植物为主的草坪上留出一定面积，用以散植或丛植少许低矮的多年生开花植物或观叶植物。如韭兰、鸢尾、紫叶小檗、石蒜、葱兰、红花酢浆草等。这些植物的面积一般不超过草坪总面积的 1/4 ~ 1/3。分布有疏有密、自然错落，有时有花，有时花与叶隐没于草丛中。缀花草坪最好铺设于人流较少的草地，供游人欣赏和休息。

5）草坪质量评价。

a. 生长势。生长迅速、健壮的草坪比生长势弱、缓慢的草坪好。

b. 刚性。指草坪修剪后茎的坚挺性，刚性强比刚性弱好。

c. 弹性。指草坪受力后恢复原状的能力，弹性强的草坪好。

d. 恢复力。草坪受到破坏后重新复苏的能力。恢复力强的草坪复苏时间短，恢复力弱的草坪复苏时间长。

图 4–48　草坪

3. 植物的个体形态

植物中树形，即树的形态，一般是指树冠的类型，树冠由干、茎、枝、叶组成，它们对树形起着决定性作用。

（1）纺锤形（图 4–49）。这类植物有池杉、柏木。在设计中，纺锤形植物通过引导视线向上的方式，突出了空间的垂直面。

（2）圆柱形（图 4–50）。其代表植物有喜树和法国冬青。

图 4–49　植物的个体形态——纺锤形

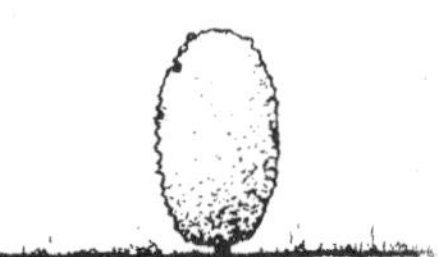

图 4–50　植物的个体形态——圆柱形

（3）展开形（图 4–51）。代表植物如二乔玉兰、山楂和合欢，都属该类型的植物。展开形植物的形状能使设计构图产生一种宽阔感和外延感。

图 4–51　植物的个体形态——展开形

（4）圆球形（图 4–52）。这类植物主要有樟树、女贞、朴树以及榕树。圆球形植物外形圆柔温和，可以调和其他外形较强烈的形体，也可以和其他曲线形的因素相互配合、呼应。

图 4–52　植物的个体形态——圆球形

（5）圆锥形（图 4–53）。这种植物的外观呈圆锥状，如水杉、池杉。

图 4–53　植物的个体形态——圆锥形

（6）垂枝形（图 4–54）。垂枝形植物具有明显的悬垂或下弯的枝条。常见的植物有垂柳、垂枝榆以及盘槐等。

图 4–54　植物的个体形态——垂枝形

4. 植物的群体形态

（1）规则式配植（表 4–4）。选用树形美观、规格一致的树种，按固定的株行距配置成整齐一致的几何图形。

表 4–4　规则式配植

| 配植名称 | 形式 | 位置 | 平面表示方法 |
| --- | --- | --- | --- |
| 对植 | 左右各植一株或多株树木，使之对称呼应的配置 | 公园、广场的入口处，建筑物前 | |
| 列植 | 以固定的株行距，呈单行或多行的行列式栽植 | 工厂、居住区建筑物前，在规则式道路、广场边缘或围墙边缘 | |
| 三角形 | 以固定的株行距按等边三角形或等腰三角形的形式栽植 | 变体的列植，等边三角形的方式有利于树冠和根系对空间的充分利用 | |
| 中心植 | 种植单株或单丛树木的种植形式 | 广场、花坛的中心点 | |
| 环植 | 按一定的株距把树木栽为圆形的一种方式 | 广场、花坛的中心点 | |
| 多边形 | 正方形栽植、长方形栽植和有固定株行距的带状栽植等 | 变体的列植 | |

（2）自然式配植。多选择树形美观的树种，以不规则的株行距配植成各种形式。

1）孤植（图 4–55）。

形式：单株树孤立种植。

应用：大面积的草坪上、花坛中心、小庭院的一角等处。

要求：树种有突出的个体美，叶色好花可观的树种也可作为孤植树。

图 4–55　自然式配植——孤植

2）丛植（图 4–56）。

形式：由 3 ~ 9 株同种或异种树木以不等距离种植在一起成为一个整体的种植方式。

应用：大面积的草坪上、花坛中心、小庭院的一角等处。

要求：同种或异种树木以不等距离种植在一起。

图 4–56　自然式配植——丛植

a. 两株一丛（图 4–57）。

形式：两株树紧靠在一起，形成一个单元。

设计要点：有调和又有对比。两者的姿态、大小要有差异，或一俯一仰、或一倚一直、或一向左一向右。两株之间的距离应小于两株树冠半径之和。

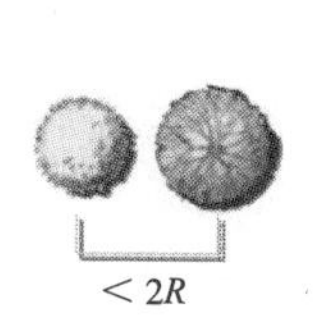


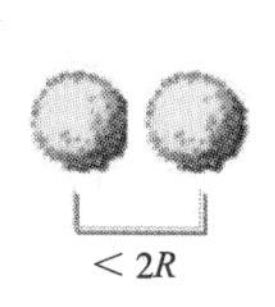

图 4–57　自然式配植——两株一丛

b. 三株一丛（图 4–58）。

形式：可为姿态、大小不同的同一树种，或两种不同的树种。

设计要点：要形成不等边三角形。三株为同一树种时，其中最大和最小的靠近为一组，中间大的离远一些作为呼应。最大的和最小的为同一树种时，中者为另一树种。

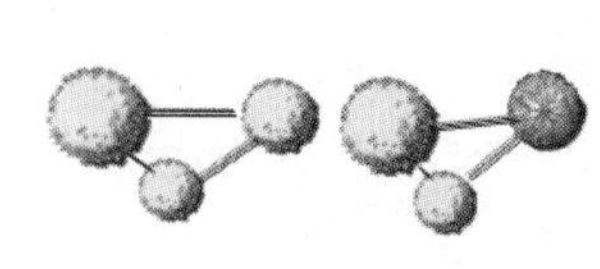

图 4–58　自然式配植——三株一丛

c. 四株一丛（图 4–59）。

形式：可为姿态、大小不同的同一树种，或两种不同的树种。

设计要点：形成 3：1 组合。最大与最小的不能成为一组平面形式为不等边四边形。选用不同树种时，最小的为另一种，并且搭配在最大者旁。

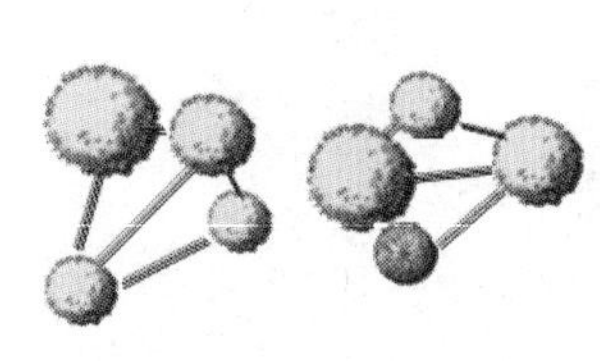

图 4–59　自然式配植——四株一丛

d. 五株一丛（图 4–60）。

形式：可为姿态、大小不同的同一树种，或两种不同的树种。

设计要点：形成 3：2 或 4：1 组合。两种树种时，一种三株，另一种两株，分配在两组中。平面形式任何三点不在同一条直线上。

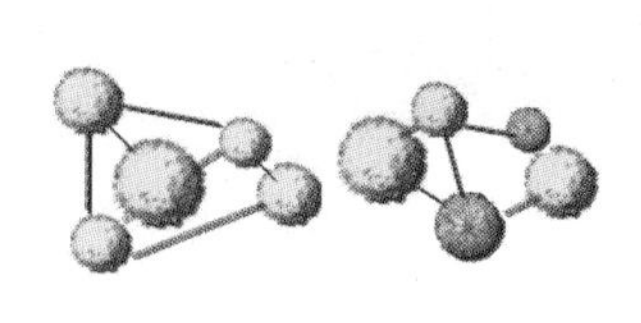

图 4–60　自然式配植——五株一丛

3）群植（图 4–61）。

形式：以一两种乔木为主，与数种乔木和灌木搭配，组成 20 ~ 30 株以上的面积较大的树木群体。

应用：较大面积的城市广场、居住区、公园等处。

要求：以一两种乔木为主，与数种乔木和灌木搭配。

4）散点植（图 4–62）。

形式：以单株或双株、三株的丛植为一个点在一定面积上进行有节奏和韵律的散点种植，强调点与点之间相呼应的动态联系，特点是既体现个体的特性又使其处于无形的联系中。

应用：较大面积的城市广场、居住区、公园等处。

要求：强调点与点之间相呼应的动态联系。

（3）混合式配植（图 4–63）。在一定的单元面积上采用规则式和自然式相结合的配植方式。这种方式常应用于面积较大的公园和风景区。

（二）水体景观设计

“仁者乐山，智者乐水”自古以来被人们所称道，水的应用设计也日渐被人们重视。宋朝的郭熙曾这样形容水，“水，活物也。其形欲深静，欲柔滑，欲汪洋，欲四环，欲肥腻，欲喷薄，欲激射，欲多泉，欲远流，欲瀑布插天，欲溅，欲扶烟云而秀媚，欲照溪谷而生辉，此之谓活体也”。可见水体的应用形式有很多种类。

1. 水体的形式

综观园林水体，不外乎湖、池等静态水景及河、溪、涧、瀑、泉等动态水景。这些水的自然现象所带给人的各种感观，成为水景景观丰富的设计题材和表现形式（图 4–64）。

水有三种基本状态特征即流动的水、静止的水和受外力作用的水。水因引力和地形产生流动或静止，这是人们在生活环境中最为熟悉的两种自然水状态。流动的水因地形的高差变化形成江河、溪流、瀑布。静止的水因地形围合在一致的高度而形成湖泊、池塘、沼泽。水在外力的影响下会产生更为丰富的状态变化，飞溅的水花、粼粼的波光、层层的涟漪、喷射的水柱和升腾的水雾等。

图 4–61　自然式配植——群植

图 4–62　自然式配植——散点植

图 4–63　混合式配植

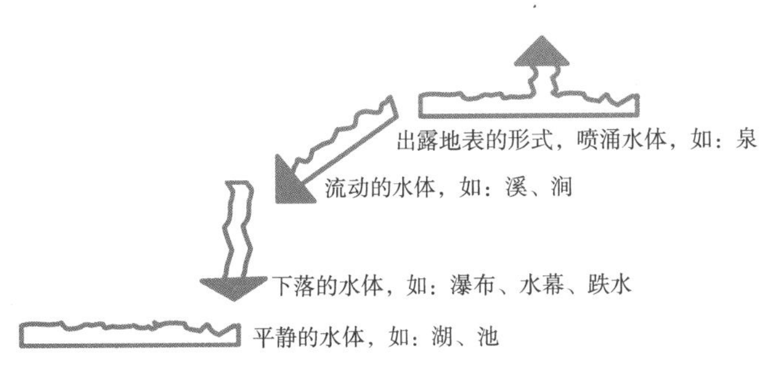


图 4–64　水体的形式

（1）湖。湖是园林中最常见的水体景观。如杭州西湖（图 4-65）、武汉东湖、北京颐和园昆明湖。

图 4-65　杭州西湖

（2）池。在较小的景观中，水体的形式常以池为主。为了获得“小中见大”的效果。植物配植常突出个体姿态或利用植物分割水面空间，增加层次，同时也可创造活泼和宁静的景观（图 4-66）。

图 4-66　庭院水池

（3）喷泉。喷泉是水在外力作用下形成的喷射现象，是城市环境中常见的水景观形式，由于泉水喷吐跳跃，吸引了人们的视线，可作为景点的主题，再配植合适的植物加以烘托、陪衬，效果更佳（图 4-67）。

图 4-67　同济大学校园喷泉

（4）溪涧（图 4-68）。《画论》中曰：“峪中水曰溪，山夹水曰涧。”由此可见溪涧与峡谷最能体现山林野趣。

图 4-68　溪涧

（5）瀑布叠水（图 4-69）。瀑布是由于地形发生较大的落差变化，使水流呈现直落或斜落的立面水面；叠水是由于地形呈阶梯状的落差和地貌的凹凸变化，使水流呈现层叠流落而成。

图 4-69　瀑布叠水

2. 水景观设计要素与原则

（1）流水景观设计。

1）流水景观设计要素。流水因地形的高差而形成，形态因水道、岸线的制约而呈现。流水景观设计分自然流水景观和人工流水景观。

a. 自然流水景观设计是在水域岸畔环境中，依据设计总体思路，对水岸线、护坡、河道、沟渠等方面进行限制改造，最终达到理想的自然风景形态。

b. 人工流水景观设计是在无自然河流的城市环境中进行水景设计，需根据设置的场所的地形、地貌、空间大小和周边环境情况，考虑水景设计的规模、流量、植物配置以及其他景观设施的相互关系。人工流水景观设计在形式上更能够体现人工的巧妙创意。

2）流水景观设计原则。

a. 岸线护坡。修建水岸是为保障河道安全，加强景观效果，减少水流对岸线的冲蚀等。宽广的河流修建岸线时必须根据防洪要求进行设计（10 年一遇、20 年一遇等），并在急弯处加高护岸不少于 300mm，小型流水弯道处必须保证弯曲半径不小于水道宽度的 5 倍。河道大多属于下沉式，岸线修筑有土岸、石驳岸（图 4–70）和混凝土驳岸（图 4–71）。驳岸可仿树桩或砌卵石、山石等，一般高出水面 40cm 左右。

图 4–70　石驳岸

图 4–71　混凝土驳岸

b. 安全节能。从安全、节能和利于近水游玩的角度出发，人工景观流水的深度一般控制在 200 ~ 350mm 之间，并在水流汇集处修建排水设施，保障水流洁净，避免循环系统淤塞，以求在满足视觉需要的同时又起到安全、节能的积极作用。水岸步行道路多以石材、铺路砖等材料为主。石材应注意表面进行防滑处理，尤其是硬度和密度较差的沙石类，在滨水环境中容易生长青苔，所以拉槽或毛面处理是必要的。

（2）静水景观设计（图 4–72）。

1）静水景观设计要素。静水景观指以自然的或人工的湖泊、池塘、水池等为主的景观对象，是城市环境中最为常用的水景观形式。

a. 自然型水景。自然型水景以自然和模仿自然静水的形态为景观主体，水域面积宽大。应根据整体环境设置景观，在水景形态的丰富变化中体现生动、和谐的自然意趣。

b. 规则型水景。规则型水景是以几何形态为主要形式特征的人工水景，便于在城市环境中灵活应用。应处理好水景规模的大小及形态的方圆、宽窄、曲直，巧妙地运用规则形与不规则形的对比，结合周边环境构成景观。

2）静水景观的典型形式。城市环境中常常加以利用的人工水景的营建形式。

a. 下沉式。局部地面下沉，形成蓄水空间，并限定水域范围，水面低于地面，视线为俯视，可见水面范围较为完整，倒影关系明显，是城市水景中最为常用的一种形式。

b. 地台式。水景的蓄容空间修筑于地面，高于地面，其景观作用主要是对水景在视线的立面上进行观赏，一般分为高台式、低台式和多台式三种。地台式水景观的规模相对较小，由于突出地面，使其在环境中具有很重要的景观价值，往往被作为场所中的主体景观。地台式水景常常与喷泉水景结合运用，形成动与静、虚与实相呼应的景观主体。

c. 溢满式。溢满式是下沉式和地台式水景的形式延伸，水池的水面与边缘或地面齐平，无高差变化，增加人的近水、亲水、玩水的感觉。

d. 多功能式。多功能式是在今天的城市环境中，将水池的观赏功能与游泳池、冬季溜冰场、养殖水生植物和动物等功能结合，增强其景观作用和生活作用。

3）静水景观的设计原则。

a. 对于自然型水景观设计，首先应以尊重自然风貌为主，谨慎巧妙地运用人工痕迹，注意保护水景周边生态环境，尽量使用天然材料进行保护性修建。

b. 自然型水景因水域面积较大，湖滨水域滨水步道、涉水观景平台、桥梁等都应修建或安装护栏，高度1100mm，人工自然型水景一般面积较小，水深控制在500 ~ 1000mm 范围内。对于环境污染，多采用在人流相对集中的观景区域，道路旁设置垃圾桶，岸边排水口设箅子，并修建排水和注水设施保障水质清洁。

c. 规则型静水景观设计则应注重场地关系，设计主动性强于自然水景，但设计内容与针对的问题即相对较多。

图 4–72　静水景观设计

（3）跌水景观设计。

1）跌水景观设计要素。“跌水”顾名思义即跌落的水，是水景设计中经常使用的形式，它是流水景观的演变，是由水道产生突然性的地形高差变化形成的。这些自然现象早已应用到城市景观设计之中，最为常见的是瀑布、叠水。跌水不仅可视，而且可听，不同的跌水形式会造成不同的视听效果，因此跌水设计需考虑水声的因素。

a. 瀑布的形式种类及设计要素（图 4–73）。瀑布常见的形式有线状、点状、帘状、片状和散乱状等多种形式，这些形式是由地形、地貌、水流量和出水口的大小决定的，地形的落差决定瀑布形成的高低，地貌的凹凸决定瀑布流落的形状，水流量的多少决定瀑布跌落的形式，出水口的大小决定瀑布的规模宽窄。

b. 叠水的形式种类及设计要素（图 4–74）。叠水是多重跌落的流水，是瀑布的另一种形式，其水面的外形规模比瀑布小，并呈现阶梯形落差，规律性强。叠水的形式极其丰富，有水帘、洒落、涌流、管流、壁流等；由于叠水形式表现较为丰富，因此水景观的造型相对复杂，其造型方式有阶梯式、塔式、错落式等；在营建方式上分为两类：一是仿生自然式叠水；二是人工规则式叠水。

图 4–73　瀑布

图 4–74　叠水

2）跌水景观设计原则。跌水景观分为较大体量的主题水景和较小体量的景观小品。较大的跌水景观将根据场地环境的需要形成变化丰富的、形式突出的景观主题，设置在人流和视线相对集中的区域，供游人玩赏。由于人的亲水习惯，设计时应考虑人在跌水景观环境中的行为方式和多种安全因素。

a. 跌水景观中设置游玩路线，使游人进入水景环境中，在游玩路径上应从安全和形式需要两方面考虑，处理方式有设置隔水通道、高于水面的汀步石、箅水阶梯和高于水面的滨水栈道等。

b. 跌水景观环境的安全因素。跌水景观分自然跌水与人工跌水，在自然环境中瀑布是引人入胜的游玩场所，但因地形复杂，应注重游玩路线的设置和道路铺设材料的选用以及制作方式，人工跌水应控制水面与池岸的关系并限制池水的深度，可进入的池内深度一般限制为300 ~ 500mm，大型非进入的池内深度为 800 ~ 1000mm，既突出跌水环境的特征，又保障游人的安全。

（4）喷泉景观设计（图 4–75）。

1）喷泉的设计形式与要素。喷泉形式 种类繁多，以喷水形状分类，有线状、柱状、扇状、球状、雾状、环状和可变动状等；以规模分类，有单射、陈列、多层、多头等；以可控制分类，有时控、声控和光控等；以喷射方向分类，有垂直喷射、斜喷、散喷等。

2）喷泉设计原则。在城市环境中喷泉景观对空气的湿度、净化空气质量、调节场地微气候都有积极的作用。因此，它不仅有景观功能，同时具备物理功能，在设计中应根据所在地域的气候情况进行合理的设置。

图 4–75　喷泉景观设计

3. 国外小型水景园的类型

（1）盆池。这是一种最古老而且投资最少的水池，适宜于屋顶花园或小庭园。盆池在我国其实也早已被应用，种植单独观赏的植物，如碗莲、千曲菜等，也可兼赏水中鱼虫。常置于阳台、天井或室内阳面窗台。木桶、瓷缸都可作为盆池，甚至只要能盛 30cm 深水的容器都可作为一个小盆池。

（2）预制水池。预制水池是随现代工艺和材料的发展而出现的。它比较昂贵，但使用方便。一般预制水池的材料是玻璃纤维或塑料。这种水池形状各异，且常设计成可种植水际植物的壁架。有了预制水池后，只需在地面挖一个与其外形、大小相似的穴，去掉石块等尖锐物，再用湿的泥炭或砂土铺底，将水池水平填入即可。这种水池便于移动，养护简单，使用寿命长。据载，用玻璃纤维制成的预制池，如养护好可使用数十年。其缺点是体量有一定限制，由于有模式的成批生产，不能自行随心设计外形。

（3）衬池。用一种衬物制成，其体量及外形的限制较小，可以自行设计。所用的衬物以耐用、柔软、具有伸缩性、能适合各种形状者为佳。大多由聚乙烯、聚氯乙烯、尼龙织韧与聚乙烯压成的薄片以及丁基橡胶制成。做衬池前先设计形状，放线，开挖。为适合不同水生、水际植物的种植深度，池底以深浅不同的台阶状为宜。挖后要仔细剔除池底、池壁上凸出的尖硬物体，再铺上数厘米厚的湿沙，以防损坏池衬。用具有伸缩性池衬铺设时，周围可先用重物压住，然后注水于上，借助水的重量，使池衬平滑地铺于池底各层。最后，在池周围用砖或混凝土预制块砌周边，固定池衬，再把露在外面多余部分沿边整齐地剪掉即可。若要自然式周边，可选用自然山石驳岸。

（4）混凝土池。最常见，也最耐用。可按设计要求做成各种形状，各种颜色。施工时，将水泥、砂按比例与适当的防水剂混合后加水拌匀备用。

4. 水生植物应用

（1）水生植物种类。凡生长在水中或湿土壤中的植物统称为水生植物，包括草本植物和木本植物。水生植物不仅可以观叶、赏花，还能欣赏映照在水中的倒影。生活在水中的水生植物，有的沉水，有的浮水，有的部分器官挺出水面，因此在水面上的景观很不同。

1）挺水植物（图 4–76）。即叶子离开水面，根系生长在泥土里的植物，如荷花、慈姑、千屈菜等。

2）浮水植物（图 4–77）。即叶子浮在水面上，根系生长在泥土里的植物，如睡莲、芡实等。

图 4–76　挺水植物

图 4–77　浮水植物

图 4–78　漂浮植物

3）漂浮植物（图 4–78）。叶子浮在水面，根系不生在泥土里的植物，可随水漂动。如凤眼莲等。

4）沉水植物（图 4–79）。平时植株生在在水里，开花时才出水面的植物。如金鱼藻等。

5）岸边植物（图 4–80）。适合生长在潮湿的土壤和气候环境中的植物，如水杉、鸢尾、萱草等。

（2）水生植物配植原则。在城市景观环境中，根据场地条件和水底情况，考虑采用直接种植或是盆栽放置等。地面高大树木的种植密度不宜过大，以免造成视觉阻碍和行动不便，对于较小的人工水景应考虑少量种植挺水、浮水和沉水植物作为点缀。

图 4–79　沉水植物

图 4–80　岸边植物

## 四、项目检查表

| 项目检查表 | | | | |
|---|---|---|---|---|
| 实践项目 | 别墅庭院设计项目 | | | |
| 子项目 | 别墅庭院软质景观设计 | | 工作任务 | 制作别墅庭院软质景观方案草图、平面布置图、电脑鸟瞰图 |
| 检查学时 | | | 0.5 | |
| 序号 | 检查项目 | 检查标准 | 组内互查 | 教师检查 |
| 1 | 别墅庭院软质景观手绘方案草图 | 方案创意性、手绘准确性 | | |
| 2 | 别墅庭院软质景观平面布置图 | 尺寸是否准确、是否符合制图规范、工艺是否准确 | | |
| 3 | 别墅庭院软质景观电脑鸟瞰图 | 空间表现效果、方案创意 | | |
| 检查评价 | 班　级 | | 第　组 | 组长签字 |
| | 小组成员签字 | | | |
| | 评语： | | | |
| | 教师签字 | | 日期 | |

## 五、项目评价表

| 项目评价表 | | | | | | |
|---|---|---|---|---|---|---|
| 实践项目 | 别墅庭院设计项目 | | | | | |
| 子项目 | 别墅庭院软质景观设计 | | | 工作任务 | 制作别墅庭院软质景观方案草图、平面布置图、电脑鸟瞰图 | |
| 评价学时 | | | | 1 | | |
| 考核项目 | 考核内容及要求 | 分值 | 学生自评 10% | 小组评分 20% | 教师评分 70% | 实得分 |
| 设计方案 | 方案合理性、创新性、完整性 | 50 | | | | |
| 方案表达 | 设计理念表达 | 15 | | | | |
| 完成时间 | 3 课时时间内完成，每超时 5 分钟扣 1 分 | 15 | | | | |
| 小组合作 | 能够独立完成任务得满分 | 20 | | | | |
| | 在组内成员帮助下完成得 15 分 | | | | | |
| 总分 | | 100 | | | | |
| 项目评价 | 班　级 | | 姓　名 | | 学号 | |
| | 第　组 | 组长签字 | | | | |
| | 评语： | | | | | |
| | 教师签字 | | 日期 | | | |

## 六、项目总结

别墅庭院软质景观设计实训是本次项目实训的核心内容，是对别墅庭院软质景观进行具体方案设计，并完成平面布置图和电脑鸟瞰图。这个阶段要确定设计方案的具体内容，即对别墅庭院植物配植、水体等进行最终的确定，并要具体表现出来。在项目实践开始及实施过程中，要求小组成员要经常沟通，保证整个设计风格的统一性，小组成员所做的方案图纸应该是一致的，这样，整个小组才能拿出一套完整的设计方案。

## 七、项目实训

（1）用快速表现的方式手绘别墅庭院软质景观方案平面布置草图和局部立面图。

（2）用 AutoCAD 绘制平面布置图。

（3）用 3ds Max 和 Photoshop 制作别墅庭院软质景观的电脑鸟瞰图。

## 八、参考资料

### （一）图书资料

（1）李文敏. 园林植物与应用. 北京：中国建筑工业出版社，2006.

（2）中国建筑装饰协会. 景观设计师培训考试教材. 北京：中国建筑工业出版社，2006.

（3）张纵. 园林与庭院设计. 北京：机械工业出版社，2009.

### （二）网络资料

（1）景观中国 http://www.landscape.cn/Index.html。

（2）建筑论坛 http://www.abbs.com.cn/。

# 项目五　别墅建筑模型设计与制作

<table>
<tr><th colspan="2">别墅建筑模型项目实施计划表</th></tr>
<tr><td colspan="2">一、项目导入</td></tr>
<tr><td>（一）项目名称</td><td>别墅建筑模型的设计与制作</td></tr>
<tr><td>（二）项目背景</td><td>此项目为别墅模型设计与制作项目（根据实际项目拟定），根据在前三个项目中已经设计完成的别墅空间图纸，按比例制作其模型，完成别墅设计的整体方案设计</td></tr>
<tr><td>（三）项目图纸</td><td>1. 按照之前课程当中绘制的平面图、立面图和效果图，构思别墅建筑模型的设计方案。<br>2. 准备建筑模型制作中需要用到的材料与工具。<br>3. 制作别墅建筑模型的主体。<br>4. 制作别墅建筑模型的庭院。<br>5. 拍摄所制作出来的模型成品</td></tr>
<tr><td colspan="2">二、项目分析</td></tr>
<tr><td>（一）设计要求</td><td>1. 风格定位：模型设计要根据业主的需求对别墅主体和庭院的整体布置进行规划和制作。<br>2. 功能设计：模型要求功能合理，环境优美、舒适、结构可行。层数为两层</td></tr>
<tr><td>（二）项目成果要求</td><td>1. 模型制作比例为 1∶100。<br>2. 制作整体别墅建筑模型，包含别墅内部功能分区，别墅外立面和别墅庭院</td></tr>
<tr><td>（三）项目实施要求</td><td>1. 要求学生分组合作，自主完成，作品要有自己的创意。<br>（1）班级分组，以团队合作的形式共同完成项目，建议 4 ～ 6 人为一组，每个小组选出 1 名组长，负责项目任务的组织与协调，带领小组完成项目。小组成员需要独立完成各自分配的任务，并保证设计方案的整体性（后附班级分组表）。<br>（2）每个小组完成最为完善的设计方案，并制作整套模型。选出 1 名组员负责方案的讲解和答辩。<br>2. 建筑结构、辅助设施在符合建筑规范的基础上进行有限度的改动。<br>3. 布局和功能合理，设计风格客户的要求。<br>4. 绘制模型图纸准确、设计思路表达清楚；模型比例关系准确、场景表现效果良好；尺寸标注清晰准确，作品整洁、材料使用合理</td></tr>
<tr><td colspan="2">三、项目考核方式</td></tr>
<tr><td colspan="2">1. 过程考核。通过小组成员在实训过程的态度表现，进行考核评分，包括出勤情况、完成任务的效率和质量、团队合作的情况等。这部分分值占总分的 40%。<br>2. 成果考核。对学生在实训中完成的整套项目成果进行考核，包括任务完成的作品质量、方案陈述的情况等。这部分分值占总分的 50%。<br>3. 综合评价考核。在学生最终作品完成后，邀请合作企业的相关人员，如设计师、工程技术人员与专业评价教师团成员，以行业企业的标准对学生的作品进行综合评价。这部分分值占总分的 10%</td></tr>
<tr><td colspan="2">四、学习总目标</td></tr>
<tr><td colspan="2">知识目标：了解并掌握建筑模型的概念，掌握建筑模型的类型<br>能力目标：培养学生空间设计能力，动手能力，设计表现能力<br>素质目标：培养学生团队合作能力、设计创新能力、语言表达与沟通能力</td></tr>
<tr><td colspan="2">五、项目实施内容</td></tr>
<tr><td>子项目 1　别墅建筑模型主体设计与制作</td><td>9 课时</td></tr>
<tr><td>子项目 2　别墅建筑模型环境设计与制作</td><td>9 课时</td></tr>
</table>

# 子项目1 别墅建筑模型主体设计与制作

## 一、学习目标

### （一）知识目标

（1）掌握别墅模型的空间尺度。

（2）熟悉别墅建筑模型主体的制作流程。

（3）掌握别墅建筑模型主体的制作方法。

### （二）能力目标

（1）培养学生资料整合能力。

（2）培养学生方案策划能力。

### （三）素质目标

（1）培养学生团队合作意识。

（2）培养学生表达设计意图的方式。

（3）培养学生的创造性思维。

## 二、项目实施步骤

### （一）制作前的准备

制定初步设计方案，根据前期完成的作业、资料搜集、客户调查及相关参考资料制定别墅模型主体的策划方案，制定风格、色彩，准备材料和工具。

### （二）根据平面图尺寸绘制别墅模型主体尺寸

按 1：100 的比例绘制建筑主体的模型平面图，作为方案设计的基准图纸。

### （三）制作别墅建筑模型的主体

根据前面的学习和设计作品，规划建筑模型的设计图纸。要注意各部分之间的关系和比例，按制作步骤和要求进行制作。

## 三、知识链接

### （一）建筑模型的概念

建筑模型是在保证建筑原有形态的基础上，按一定的比例及特征，将二维平面的建筑设计图纸转化为三维立体空间的形式，它采用易于加工的材料形象地表达了建筑形态、空间和色彩之间的关系，以及建筑与地形地势、建筑与环境之间的关系，准确地传递了设计师的设计意图。尽管当下许多三维技术软件被广泛应用于建筑设计与表现的过程中，但实体模型拥有自身的直观感受和真实体验，具有不可替代的优越性，两者的表现手法结合在一起，使得建筑设计的表现手法丰富多彩，模型的展示效果生动逼真。

### （二）建筑模型的价值

建筑模型是建筑设计、教学研究、城市建设、商品房销售、招商合作、房地产开发、业绩宣传、设计投标的重要载体和手段，具有很高的实用价值与审美价值。

建筑模型不只是在建筑设计完成后将其成果展现出来，也是随着建筑方案的产生、分析、修改，从最初的草图阶段到最后形成最终模型。在这个过程中，有助于对建筑形式、建筑结构、建筑材料的分析，相对于二维空间的表现手法，它更加直接地表达了设计者对建筑的构思和理解，在这个过程中，设计者的设计思路得以发展和完善。由此看来，建筑模型是设计师捕捉灵感、完成整个建筑方案的重要载体。

在实际教学操作过程中，学生们通过对材料的认识和运用，将一些易于加工的材质运用不同的表达手法将其设计思路直观、形象地表达出来，有助于学生建立立体空间思维方式；鼓励学生尝试新材料、新方法，拓展学生的设计思维方式；通过对建筑模型表面的物理与化学手段的处理，会产生惟妙惟肖的艺术效果，有助于培养学生的学习兴趣和审美情趣。

建筑模型是建筑设计作品的重要表现形式。从宏观上讲，它包括建筑与周边环境之间的关系；从微观上讲，建筑模型设计不仅是建筑结构和局部的表现，它还是建筑单体和外部造型的表现形式。因此，建筑模型已被广泛应用在城市规划、建筑方案投标、房地产开发与销售、公众展示等各方面。

### （三）建筑模型的类型

1. 按用途分类

（1）设计类模型。设计类模型是设计师设计思维的一种展现，在设计过程中设计师通过模型创作可以使设计思想进一步发展和完善。根据设计思维的产生、发展及完成的过程，可将设计类模型分为草图阶段的概念模型、研究阶段的扩展模型、方案完成阶段的终结模型。

设计类模型的设计与制作通常选用单一的材质，不拘泥于材料与工艺，也不要求制作上有极高的精准度，只求比例准确，能够合理地分析设计中遇到的各类问题，起到辅助方案完成、准确表达设计者设计意图的作用即可。

1）草图阶段的概念模型。

a. 体块模型。体块模型是借助体块来分析建筑的形态，衡量建筑与建筑、建筑与环境之间的距离和比例关系。如图 5-1 所示，整组模型以概念的手法表达了建筑群总体的规划方案，用以研究主体建筑结构形式与周边建筑前后远近的空间关系。

图 5-1　建筑体块模型

b. 框架模型。框架模型指的是在建筑方案研究阶段，将建筑的整体框架和一些特殊结构以框架的形式表现出来，对其结构的合理性及可行性进行研究。

2）扩展阶段的研究模型。扩展阶段的研究模型是待建筑方案确定后，一方面用以研究建筑的细节、建筑的横向剖切、纵向剖切的关系；另一方面，推敲建筑的内部空间，分析室内交通空间的方便性及室内平面布局空间的合理性。如图 5-2 所示，既表现了建筑的结构和形式，也可以直接看见建筑内部的空间，方便对建筑模型进行整体的分析和研究。

图 5-2　研究模型

3）终结阶段的整合模型。待建筑方案全部敲定后，对模型进行最后的组合和修整，来表达建筑主体与周围景观布局关系的合理性。

（2）表现类模型。表现类模型是建筑作品展示的艺术语言，通常它依托于设计方案的图纸，按照一定的比例进行模型制作。它的设计与制作有别于设计类模型，这类模型要求做工精巧、表现细致，其材料的选择、色彩的搭配、绿化的处理、灯光的配置等通常都要根据方案的设计构思进行加工处理。表现类模型多采用细腻的表达手法，清楚地表现建筑结构，经常运用灯光照明、喷泉流水、音效、运转等动态效果来表现其生动性和完整性。这类模型常被应用于施工参考、楼房销售、建筑报建等领域，具有一定的使用价值和保存价值。如图 5-3、图 5-4 所示，利用灯光表现出模型惟妙惟肖的艺术效果。

图 5-3　表现类模型（一）

图 5-4　表现类模型（二）

2. 按材料分类

按材料主要可以分为纸质模型、木质模型、塑料建筑模型、复合材料建筑模型几种。

## （四）建筑模型材料的应用原则

建筑设计过程的变化性和表现手法的多样性，导致模型在不同的制作阶段存在很大的差异性，因为所选择的材料和工具变化不定。但即使表现手法多变，制作的原理都是大同小异的，我们需要对各类材料充分理解，选出符合设计的材料并且合理运用，针对所要表现的模型的不同阶段、不同类型、不同风格，选择合适的材料，做出不同的空间体验和视觉感受。

（1）模型材料的选择要遵循建筑的设计特点。建筑模型材料的选取重点在于材料与设计方案的相互融合，这就要求我们对建筑模型要表达的内容充分地理解，要对材料的选择进行分析，要避免不加分析地使用华丽或成本较高的材料，或者将多种材料堆积在沙盘之中。

（2）发挥材料自身的特点，可以同种物体多种表达方式。每种材料都有自己的特点，它们表达出来的语言和表情都不尽相同，所以在模型制作的过程中，我们要充分发挥材料自身的特性。例如在表现建筑模型环境的雪景时，我们可以采用完成模型制作后铺撒雪粉的方式，也可以采用白色石膏做肌理的方式，还可以用白色 ABS 板来表现雪景的效果。

（3）材料的选择与搭配应不拘一格，具有创新意识。对于模型的材料，除了要掌握模型基本的使用规律以外，还要注重模型思维模式的培养和创新思维的发散，将不同的材料进行合理的搭配，制作有自己思想的建筑模型。

## （五）别墅建筑模型的制作材料

1. 纸材

由于纸材质地较为柔软，有成本低、易剪裁等特点，因此在设计方案阶段和教学领域中经常会用到，缺点是不容易保存。

（1）卡纸、纸板。卡纸是对单位重量约 150g/m$^2$ 以上，介于纸和纸板之间的一类厚纸的统称。此类纸纸面较为细致平滑、坚挺耐磨，如图 5-5 所示。

纸板也叫版纸，是由各种纸浆加工成的纤维相互交织组成的厚纸材。纸板和纸的区别通常用重量和厚度来区分，一般超过 200g/m$^2$、厚度大于 0.5mm 的统称为纸板。根据用途可分为黄纸板、白纸板、纸板箱等。

（2）瓦楞纸。瓦楞纸的厚度为 3 ~ 5mm，平面尺寸一般为 A3 或 A4 大小，瓦楞纸是由挂面纸和通过瓦楞棍加工而成的波形的瓦楞纸粘合而成的版状物，分单层与多层两种，成品呈波纹状，如图 5-6 所示。瓦楞纸经常会被用来制作地形模型，由于材质较轻，所以容易变形。单层纸呈波浪形，多层纸的上面为波浪形，下面为平板型，具有良好的弹性、韧性和立体感。瓦楞纸也经常用来制作别墅和有民族风格的屋顶斜面纹理。

图 5-5　卡纸

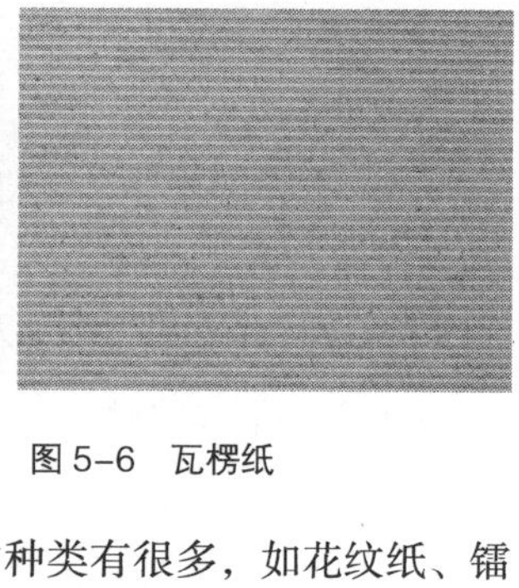

图 5-6　瓦楞纸

（3）装饰纸。装饰纸的种类有很多，如花纹纸、镭射纸、过胶砖墙纸、方眼描图纸、墙纸、植绒纸、水砂纸等。装饰纸由于具有较高的仿真性，因此常被用于建筑模型的墙面、室外地面铺装等部位，起到装饰的作用，如图 5-7、图 5-8 所示。

图 5-7　镭射纸

图 5-8　砖纹纸

2. 木材

（1）实木板材。实木板材通过机械加工进行切割、雕刻，可以达到精致的效果，多用于制作概念模型、体块模型，或加工成木棒条使用，如图 5-9 所示。

（2）人造板材（图 5-10）。人造板材包括纤维板、细木工板、胶合板、薄木贴面板等。纤维板结构均匀，板面平滑细腻，容易进行各种饰面处理，尺寸稳定性好，可以满足多种需求。可以按密度分为低密度板、中密度板和高密度板。细木工板是板芯两面贴合单板构成的，板芯则由木条拼接而成。胶合板常用规格为 1220mm × 2440mm，厚度分别为 3mm、5mm、7mm、9mm，是由木段切成的单板，再用胶黏剂胶合而成的三层板或三层以上的板状材料。薄木贴面板是胶合板的一种，是新型的高级装饰材料，利用珍贵木料如紫檀木、柚木、水曲柳、胡桃木等通过精密刨切制成厚度为 0.2 ~ 0.5mm 的微薄木片，再以胶合板为基层，通过先进的粘合剂和粘合工艺制成。

图 5-9　实木板材

图 5-10　人造板材

3. 塑料

塑料是合成的高分子化合物，俗称为树脂或塑料。由于其有易上色、自重轻、易加工、耐腐蚀等优点，所以经常被用于建筑模型的制作当中，可以用来制作建筑主体、环境景观、地形地势等，属于建筑模型制作中最常用的材料之一。

（1）KT 板。KT 板板体挺括、轻盈、易加工、不易变形，因此被广泛应用。颜色以黑白为主，也有其他颜色。

（2）泡沫塑料板（图 5-11）。泡沫塑料板又叫聚乙烯泡沫板、吹塑板、EPS 发泡板，质地松软，易于加工成型，可以与任何颜色及涂料混合，便于着色制作和黏结。适合用来制作模型的山地、地貌、山等部分。

图 5-11　泡沫塑料板

（3）PVC 板。PVC 板分为软质和硬质、透明（图 5-12）和不透明。硬质 PVC 板颜色一般为白色和灰色，也有彩色，不透明。软质 PVC 板表面光泽，柔韧性好，易于加工，一般裁纸刀便可刻穿，黏结性好。可以用来做圆弧阳台、雨棚、建筑墙面装饰、路面等。

图 5-12　PVC 透明板

（4）ABS 板（图 5-13）。ABS 板是一种新兴的板材材料，具有不易变形、易染色、成型加工和机械加工性好、连接简单、无毒无味的特点。常规颜色有白色、透明色、黑色，透明 ABS 板的透明度非常好，打磨刨光效果极佳，是建筑模型制作中的首选材料，可以手工切割液可以机械雕刻。

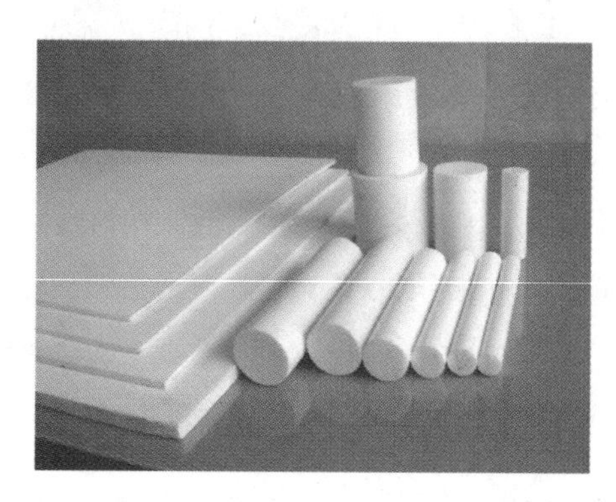

图 5-13　ABS 板材

（5）亚克力板（图 5-14）。亚克力板也叫 PS 板、有机板，材质轻盈、不易碎、耐老化性强，透明度较高，可用钻、锯、刨等工艺加工，具有良好的热塑加工性。常规颜色为透明色、蓝色、绿色、茶色、白色等。

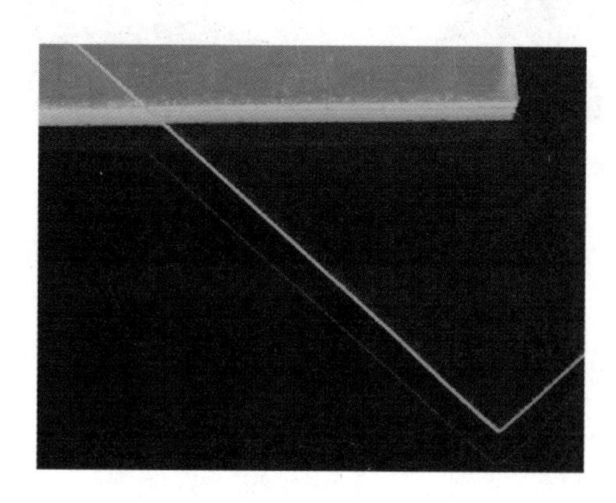

图 5-14　亚克力板

（6）有机玻璃。有机玻璃是一种透光性极强的塑料板，具有机械强度高、抗拉、抗冲击等特点。有机玻璃种类繁多，常见的有透明和不透明之分，经常用来制作墙面、窗户等。有机玻璃加工较其他材料难，但易于粘贴，强度较高，做出的模型作品光洁、挺实，可以保存较长的时间。

4. 石膏、黏土、腻子

（1）石膏。石膏通常为白色或无色，是一种重要的化工原料，也有彩色的，是建筑模型制作过程中经常用到的一种材料。石膏可以用于地形、地势、概念模型等的翻模制作，也可以起到填充的作用。

（2）黏土。黏土是有黏性的土壤，含沙粒很少，可塑性强、易存放、易上色。

1）纸浆黏土。纸浆黏土通常为白色，是由纸浆做成的，干燥以后可以用数次爱，油彩等上色，干燥后的质感介于陶土和石膏之间，易保存不易变形，也容易和其他材质进行搭配，应用十分广泛。

2）树脂黏土。树脂黏土也叫面粉黏土，颜色为半透明色，材质柔软，韧性极佳，可塑性高，用法简单，可用油画和丙烯颜料进行着色。

3）石粉黏土。石粉黏土质地比较细腻，伸展性好，干燥后硬度高，有石的质感，适合用来制作人形及室内壁饰。

（3）腻子。腻子也叫填泥，是用来平整物体表面的一种装饰材料，在模型制作的过程中主要用来填补缝隙和缺口。

5. 金属材料

金属材料就是我们平时常见的钢、铁、铜、铝、锌等，有板材、管材和线材之分，加工设备要求比较高，所以需要在专业的模型制作工作室中使用。

6. 着色剂

（1）丙烯颜料。丙烯颜料具有速干、色泽饱满、容易操作、保存时间长等特点，因此在模型制作过程中被广泛应用。

（2）自喷漆。自喷漆又叫雾漆，也叫手动喷漆，喷涂后平整性好、遮盖力强，保持光泽和色彩的持久度好，操作简单，使用前应在瓶内将其充分摇匀，若未使用完，应将罐子倒置一会儿，防止喷嘴堵塞。

7. 黏结剂

黏结剂是同种物质或异种物质之间用黏结的方式使两种物质连接在一起，要注意在黏结的时候确保表面干净，黏结剂应均匀地涂抹在黏贴面上，并不易太厚。黏结剂常用的种类有乳白胶、502 胶、401 胶、万能胶、立时得、U 胶、101 胶、二氯甲烷等。

### （六）别墅建筑模型的制作工具

1. 测绘类工具

（1）测量工具种类。直尺、三角板、钢尺、丁字尺、游标卡尺、高度尺、卷尺、比例尺等。

（2）绘制、喷涂工具种类。圆规、铅笔、橡皮、钢针、针管笔、喷笔、口罩等。

2. 切割类工具

（1）剪切类。切割垫板、笔刀、刻线针、美工刀、勾刀、圆规刀、多功能钳、手术刀等。

（2）钳类。尖嘴钳、斜嘴钳、平口钳、老虎钳、钢丝钳等。

（3）切割类。钢锯、电锯、切割机等。

3. 打磨类工具

打磨类工具常用的有什锦锉、指甲锉、砂纸等。用来打磨模型的表面、边缘的毛躁，常用 300 ~ 500 目的砂纸来进行打磨。

4. 钻孔类工具

钻孔类工具包括美工刀、台钻、手钻及各类钻头等。

5. 抛光类工具

抛光类工具主要有抛光膏、指甲抛光条、平面打磨器，用于模型细部喷涂后的打磨及抛光等。

6. 其他工具

在制作的过程中除了一些必备的工具，还会用到镊子、酒精、磨具、螺丝刀、工具盒等。

7. 计算机数控雕刻机

计算机数控雕刻机在当今建筑模型制作行业中应用广泛，由雕刻机和计算机两部分组成，可将材料根据需要进行切割和雕刻，制作出来的模型精细逼真，有机械雕刻机和激光雕刻机等。

### （七）别墅建筑模型的制作原则

1. 科学性

建筑模型虽属艺术类范畴，但它不同于一般的艺术创作，它介于感性创作与理性制作之间并且首先强调理性的制作程序。在设计类模型中应遵循建筑的设计法则，满足其结构、造型、体量的研究性需要，主要本着以研究为目的进行制作；而在表现类、特殊用途类及工业产矿类模型的制作中，应尽量真实、客观地反映设计理念，不允许有主观的夸张、变形及失真现象。

2. 艺术性

建筑模型制作过程中虽应遵循严谨科学的制作程序，体现出建筑物与环境之间客观、真实的关系，又要避免对建筑物与环境实体简单的抄袭。它要求设计制作者通过运用巧妙构思精心制作，并借助各种材料合理地完成，使其成为一件具有一定艺术性的微缩的建筑与环境实体，建筑模型需以其立体形态和表面材质来表现出建筑物与环境之间真实的造型形态，给人以美的感受。

3. 工艺性

为了达到科学性与艺术性的完美结合，建筑模型在制作过程中讲究规整、精细、制作中需选用合理的材料来表现模型的最终效果，同时还应该选用先进的工具和加工工艺，将建筑模型生动自然地展现出来。

### （八）别墅建筑模型主体的制作步骤

1. 制作前的准备

学生们根据自己设计的图纸和搜集到的资料，经过分组讨论后确定模型的功能、形式，准备建筑模型制作需要的材料，制作比例为 1 ∶ 100。

2. 制作步骤

（1）绘制别墅模型的模型图纸。在确定好别墅模型的比例和尺寸之后，按比例打印之前制作的别墅模型的平面图和立面图。

（2）绘制排料。将图纸放在已经选好的模型材料上面，用双面胶把图纸和材料的四个角固定好以后，描画出切割线。

（3）加工部件。画好门窗的位置，用刀雕刻出来，

如果是塑料材质，可以在材料上用钻头钻好若干个小孔，然后穿入锯条，锯出所需要的形状。切割好的部件用锉刀和砂纸进行修正，可以把相同大小或相同花纹的部件叠加在一起，同时进行加工和调整。

（4）精细加工。切割出细条的窗框粘贴在墙体内侧的窗户边缘上，制作窗格子，附上透明塑料板制作窗户以及模型主体需要的其他部件，分别切割剪裁好。

（5）组合黏结。所有立面修正黏结完毕以后，对部件进行组合，按图纸精细地粘贴和调整。

### （九）别墅建筑模型主体材料的加工方法

1. 材料切割法

（1）切割薄片。切割薄片材料时，在刀子上轻微施加压力，根据材料的厚度进行数次划割，便可以完成。

（2）切割杆和金属线。在模型制作中使用的杆主要由塑料、木材和金属线制作，可以用塑料刀、剪刀和锯进行切割。切割好后，粗糙的边缘可以用砂纸磨平。小的金属线可以用刀切割，较硬的金属杆需要使用硬质的电工刀，如切割金属杆，就需要使用小的钢锯或轴锯箱。

（3）钻孔。孔可以作为简单的槽口或者插槽用来支撑其他部分，或者可以穿过一般的部件生成多层地板。在挖孔时要尽量保持孔的紧密，不要过度切割使孔的直径过大。

（4）修剪与剪裁。在模型上直接制作切口是非常有用的，可以以三角形作为基准，一次性划出精确的口子，剪刀对用胶水粘上的结合点没有破坏性，并能产生整洁、笔直的切口，边缘和其他凸出物可以使用刀子修剪、切割或者刮掉。

2. 材料加工法

（1）卡纸加工法。在制作建筑模型时，一般选用白色的卡纸。如果需要其他颜色的卡纸，可以用水粉颜料进行涂刷或者喷涂，以达到想要的效果，还可以采用不干胶色纸或其他装饰纸来装饰表面，卡纸的加工和组合也十分容易，组合方式有很多，在制作上可以采用折叠、切割、打孔、粘贴等立体构成的方法进行制作。

（2）泡沫塑料加工法。泡沫塑料的材质软而轻，容易加工，是制作模型规划的理想材料。加工塑料泡沫一般采用钢丝或者电热丝锯进行切割，用刀、锉、砂纸等辅助工具进行修整，用塑料材质制成的模型部件，一般用双面胶或者乳白胶进行黏结组合。

（3）吹塑纸加工法。吹塑纸可以用来制作路面等高线、墙壁贴纸、制作屋顶等。在制作时，要根据纸的颜色和图案来选择不同的工具，屋顶和路面可用美工刀的刀背划刻加工处理。

（4）装饰纸加工法。装饰纸有各种各样材质和品种，如木纹、大理石纹、砖纹、方格纹及各种仿真材质，在加工装饰纸时，应先按装饰面的大小剪裁好，然后在装饰纸的背面贴双面胶条或涂乳胶，对准角度轻轻固定，然后从被贴面的中间向外平铺，铺上以后，如有气泡可用大头针刺透，再用手指或工具压平，如果市面上有空洞，可以在贴好装饰纸以后用铅笔划出窗洞的尺寸，用钢板尺和手工刀刻除装饰纸，这样就会露出一扇扇的窗户。

（5）有机玻璃加工法。对有机玻璃可以做细致的加工，有机玻璃哄软后可以弯曲成型，适合用来制作弧形的建筑模型部件，如天窗和遮阳雨篷等。可以用机械工具盒手工工具来进行切割，有机玻璃比较脆，容易切割，可用尺和美工钩刀或锯条进行刻画，当钩到一定深度时，将材料的切割缝对准工作台台边掰断即可。

（6）泡沫海绵加工法。泡沫海绵弹性好、透气，是制作花坛、草坪的理想材料，可以用手工刀或剪刀修剪成所需要的形状，球形、锥形或其他自由形状，然后用颜料染成需要的颜色。

3. 材料接合法

（1）铁钉接合法。铁钉主要用于模型制作中沙盘的接合，铁钉分圆头钉、家具钉和鞋钉等。圆头钉多用来连接沙盘木料框架，但钉头难打进木料的表面，家具钉多用于连接沙盘夹板与框架，钉头容易打进表面。可以平行或者斜着钉，斜钉法更牢固，用铁钉连接时可以用打锤。

（2）螺丝接合法。螺丝分为连接螺丝、固定螺丝和木螺丝等，木螺丝的固定必须使用螺丝批。固定木螺丝，一般需要先打导孔，选择适合的螺丝批，然后用力旋紧。

（3）电焊接合法。电烙铁焊接时要求工件干净，操作时先涂上焊锡膏，最后焊牢。焊接的过程中注意不要出现裂纹、气孔和夹渣。

（4）黏合剂接合法。黏结是一种最常用的工艺方法，它具有工艺简单、操作方便、分布均匀、不易变形、绝缘、耐水、耐油和密封等特点。由于建筑模型的材料种类有很多，所以需要根据不同的材料选择不同的黏合剂并正确掌握黏合工艺，任何材料之间皆可获得很好的黏结强度。

1）胶水连接。用小的硬纸板细杆，非常薄而均匀地涂在材料的边缘，注意胶水不要涂抹太多，会造成干燥过慢或导致材料变形。

2）胶带连接。对于那些不能马上干燥的边缘，可以使用胶带暂时固定连接，注意用不粘胶，避免撕去的时候有残留物留在表面。

3）热胶水连接。热胶水具有快速凝固的优点，可以使用玻璃胶棒和专用的玻璃胶棒加热枪。

注意：在木杆的连接处和结合点的末端涂抹一点胶水，为防止粘到别的面上，应将其放在塑料物品的顶部或者其他不粘的表面材料上。黏结塑料杆的时候，需要在刀刃的末端滴一滴醋酸盐粘合剂，然后涂抹到结合点上，在随后的一分钟内将准备好的材料完成粘贴。

4. 表面加工法

（1）打磨法。凡是塑料、金属、木质材料大都需要打磨以后才会使表面光滑，主要的打磨工具是砂纸和打磨机，砂纸分为木砂纸、砂布和水磨砂纸，分别用于木质、金属和塑胶的打磨。

（2）喷涂法。美化模型最简单的方法是在表面刷上一层漆或喷涂色料，如自制树木后喷涂色料，涂刷银色漆，模型表面必须光滑，用砂纸磨平后再进行喷涂，喷涂材料有自喷漆、水粉颜料等。

（3）贴面法。贴面装饰的主要材料是贴面纸和黏合剂，贴的时候注意贴合面要保持平滑光洁，粘合剂要涂抹均匀，以保证贴面没有气孔，粘贴后要适当压平。

（4）清洁法。建筑模型在制作的过程中有大量的灰尘和杂物粘在模型上，要及时清洁，可以使用吸尘器，用棉签沾酒精或松节油擦洗工具的灰尘或者划痕，也可以用吹风机吹走部分灰尘和碎屑。

5. 屈折法

（1）纸张的屈折。纸张的屈折一般只需要钢尺、美工刀和辅助物。屈折时可以先将图形画在纸上，然后用刀轻轻划出线条即可，屈折薄纸时可以用刀背来刻划。

（2）胶片的屈折。屈折胶片的方法有使用热烘胶片机和手工加温使用屈折辅助物。先用油性笔画上屈折线，把胶片放在发热管上，待两面加热软化后，将胶片迅速放在屈折辅助物上，外加压膜以固定胶片，冷却后脱离模具使用，如要弯曲较厚的胶片，可以先用钩刀在屈折线上刻画“V”字，这样屈折的效果会更好。

### （十）别墅内视模型的制作方法

1. 内视模型的制作方法

制作室内内视模型的建筑用途多半是商用写字楼、商场、住宅等，因其用途不同，建筑结构也不尽相同。比如住宅一般采用单元式，商场一般采用敞开式，写字楼一般采用走廊式，它们在模型制作中都采用固定隔断法，也就是按建筑图纸分隔，表现室内特定空间的分割格局。

（1）切挖嵌入法。按内外墙比例剪裁好材料，扣掉门窗以及空调的位置，在背面贴上透明门窗材质，然后将各块隔断墙体粘贴在底座上。

（2）透明封墙法。用3mm的透明有机玻璃作为隔断墙体，再用墙纸或有色装饰纸在内外两面封墙，封前可先扣出门窗的位置，然后用墙纸或胶片将上面的部分粘贴在一起，使接缝隐藏起来。

2. 内视模型的制作顺序

（1）外墙制作。

（2）内墙制作。

（3）门窗制作。

（4）室内地面制作。

（5）楼梯、电梯制作。

（6）家具模型制作。

（7）家用电器模型制作。

## 四、项目检查表

| 项目检查表 | | | | |
|---|---|---|---|---|
| 实践项目 | 别墅建筑模型设计与制作 | | | |
| 子项目 | 别墅建筑模型主体的设计与制作 | | 工作任务 | 别墅建筑模型主体设计与制作 |
| 检查学时 | | | 0.5 | |
| 序号 | 检查项目 | 检查标准 | 组内互查 | 教师检查 |
| 1 | 模型设计图 | 是否详细、准确 | | |
| 2 | 材料和工具 | 是否齐全 | | |
| 3 | 别墅主体模型 | 是否合理、有创意 | | |
| 检查评价 | 班　　级 | | 第　　组 | 组长签字 |
| | 小组成员签字 | | | |
| | 评语： | | | |
| | 教师签字 | | 日期 | |

## 五、项目评价表

| 项目评价表 | | | | | | |
|---|---|---|---|---|---|---|
| 实践项目 | 别墅建筑模型设计与制作 | | | | | |
| 子项目 | 别墅建筑模型主体设计与制作 | | 工作任务 | | 别墅建筑模型主体设计与制作 | |
| 评价学时 | | | 1 | | | |
| 考核项目 | 考核内容及要求 | 分值 | 学生自评<br>10% | 小组评分<br>20% | 教师评分<br>70% | 实得分 |
| 设计方案 | 方案合理性、创新性、完整性 | 50 | | | | |
| 方案表达 | 设计理念表达 | 15 | | | | |
| 完成时间 | 3 课时时间内完成，每超时 5 分钟扣 1 分 | 15 | | | | |
| 小组合作 | 能够独立完成任务得满分 | 20 | | | | |
| | 在组内成员帮助下完成得 15 分 | | | | | |
| 总分 | | 100 | | | | |
| 项目评价 | 班　　级 | | 姓　　名 | | 学号 | |
| | 第　　组 | 组长签字 | | | | |
| | 评语： | | | | | |
| | 教师签字 | | 日期 | | | |

## 六、项目总结

别墅模型制作的方案设计是本课程设计的最后一步，这个阶段主要是在前期项目调研和设计的基础上，分析有关资料和信息，对设计方案总体考虑，确定方案设计的大方向，包括别墅的设计风格，别墅内部功能区域的划分，色彩、材质及造型的选择。别墅主体建筑模型方案的设计对后面的别墅建筑模型环境设计有重要的指导作用，只有主体方案确定了，才能进行深入的整体设计，后续的工作才能顺利进行。

## 七、项目实训

（1）进行别墅模型主体平面、立面和剖面的规划。

（2）绘制制作别墅模型主体的模型平面图。

（3）制作别墅建筑模型的主体。

## 八、参考资料

### （一）图书资料

（1）杨丽娜，张子毅．建筑模型设计与制作．北京：清华大学出版社，2013.

（2）刘俊．环境艺术模型设计与制作．长沙：湖南大学出版社，2011.

（3）韩光煦，韩燕．别墅及环境设计．杭州：中国美术学院出版社，2006.

### （二）网络资料

自在建房网 http://www.zijianfang.cn/。

# 子项目 2　别墅建筑模型环境设计与制作

## 一、学习目标

### （一）知识目标

（1）熟悉别墅环境模型设计的方案策划流程。

（2）掌握别墅环境模型的制作方法。

### （二）能力目标

（1）培养学生资料整合能力。

（2）培养学生设计策划能力。

（3）培养学生动手能力。

### （三）素质目标

（1）培养学生团队合作意识。

（2）培养学生表达设计意图的方式。

（3）培养学生的创造性思维。

## 二、项目实施步骤

### （一）制定初步设计方案

根据前期的调查、设计的平面图、效果图和之前的别墅主体的模型，初步制定空间平面规划方案，制定风格、色彩、材料、工具等。

以草图的形式合理规划和布置别墅的庭院，绘制别墅庭院的设计方案。

### （二）制作别墅环境模型

按 1∶100 的比例绘制别墅庭院的模型平面图，作为方案设计的基准图纸。要注意各个部分之间的关系和比例，按制作步骤和要求进行制作。

### （三）拍摄最终作品

要注意拍摄的角度、光线等因素，照片拍摄质量的好坏对最终成品的好坏起着至关重要的作用。

## 三、知识链接

### （一）别墅建筑模型基础环境制作

1. 别墅建筑模型底盘制作

建筑模型的底盘是用来放置建筑模型主体的，环境配景一般包括道路、山水、公共设施等，属于建筑模型展示的底层基础部分。可以用来制作沙盘的材料有很多种，我们可以根据在模型制作过程中的实际情况来进行选择，模型公司常见的底盘材料为细木工板，在教学中用的建筑模型底盘如果是 $1m^2$ 以内的小面积沙盘，可以采用密泡沫塑料板、KT 板、ABS 板、亚克力板等。如果要制作动态沙盘，则需要安装各种线路、流水系统等。

2. 别墅建筑模型地形环境制作

（1）等高线做法。等高线做法常用于设计类模型中地势高差较大、地形层次分明的模型环境制作中。通常按等高曲线的形状及密度进行切割、粘贴，制成后会形成梯田形式的地形。制作材料常常选用 ABS 板、KT 板、三夹板等。黏结剂选用三氯甲烷、502 胶等，待粘牢之后再进行自喷漆处理。教学中为了便于操作，也可选用厚纸箱进行制作，胶粘材料多选用乳白胶。等高线制作如图 5–15 所示。

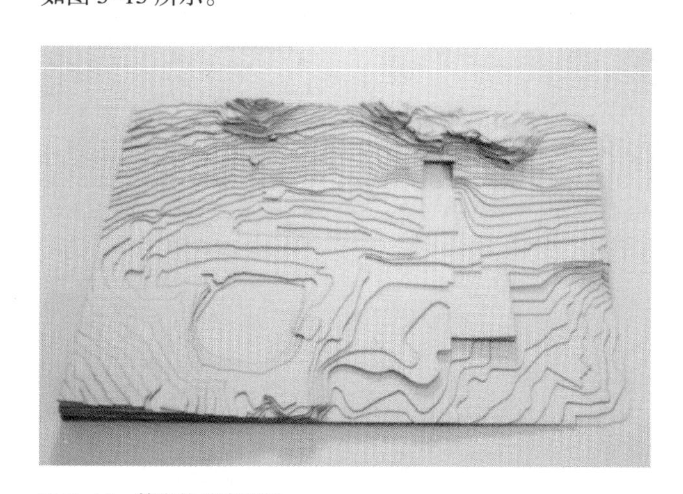

图 5–15　等高线地形环境

（2）胶凝材料做法。凝胶材料做法常应用于表现类模型中带有山坡丘陵等地形的模型环境中。首先会用笔将山地的等高线描画到沙盘的底盘上，然后用支撑物按等高线的密集程度将地势的高点顶出来，用石膏浆、石膏碎块等辅助材料分层浇灌到底盘上，再用比壁纸刀等工具对其进行整理，待其变干后用砂纸打磨，最后在表面上涂刷颜料或粘贴草粉、草皮，如果山体面积较大，为减轻底盘的重量也可在支撑物上挂上铁丝网或用塑料泡沫做基础，然后用石膏浆或水泥砂浆等浇灌到上面。

（3）泡沫材料制作法。泡沫因为具有重量轻、易切割的特点，因此经常用于教学模型中。一般切割好以后，先在泡沫表面涂刷乳胶漆，然后铺洒草粉或涂刷颜料，最后插上各种植物。泡沫材料制作如图 5-16 所示。

图 5-16　泡沫材料地形环境

3. 地面环境制作

（1）室内地面。室内环境中地面常用的制作方法是粘贴各种地面贴纸的不干胶，选择和模型相应比例的贴纸，然后按照地面的形状，大小剪裁好以后直接贴在室内模型的地面上，如图 5-17 所示。

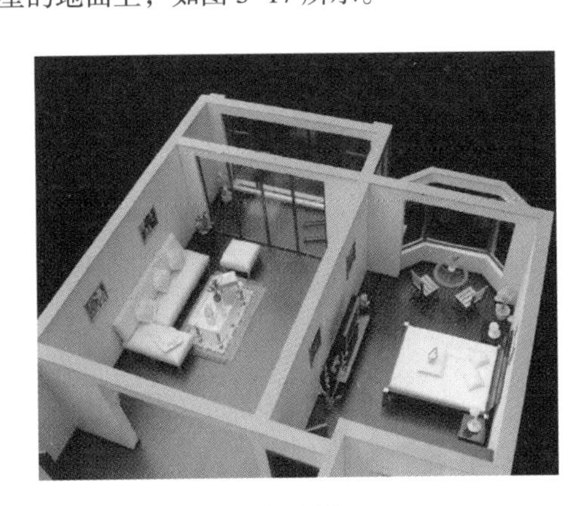

图 5-17　户型模型地面制作

（2）室外地面（图 5-18）。

1）直接喷涂法。根据想要的效果喷涂想要的颜色，比如表示路面可以直接喷涂灰色，也可以将地面拼花图案、道路地砖的纹理通过雕刻机刻在底盘上，再根据想要的效果进行喷涂。

2）直接粘贴法。和室内装饰的方法一样，室外地面也可以用带胶贴纸和壁纸进行装饰。

图 5-18　户外模型地面制作

3）精细加工法。室外地面各种形状的砖类，如人行道、石碎拼接路面装饰，可以用 ABS 板来进行细致的加工，可以直接用钩刀在 ABS 板上进行操作，也可以用雕刻机切割好图案后喷上所需的颜色，这种表现手法细腻、真实、容易操作。

4. 水环境制作

（1）直接喷画法。直接喷画法是用丙烯颜料调出适合这个模型水面的颜色，在做好的水环境中用画笔直接涂刷，然后在周围放一些石景、植物等，以增强其真实的效果。

（2）粘贴法。粘贴法是把带有水纹图案的纸或塑料（图 5-19）按形状剪裁好以后，直接贴在水池底板上（图 5-20），以表现水的材质特点，如果用纸的材质的话，可以在上面铺一层透明的有机玻璃板。

（3）真水环境做法。真水环境做法是将水循环系统隐藏在沙盘底盘下，并在池中做防水处理，以保证水可以在池子内正常循环。在做好喷水池以后，可以在池中涂刷防水颜料，通过水循环系统，表现其真水环境。

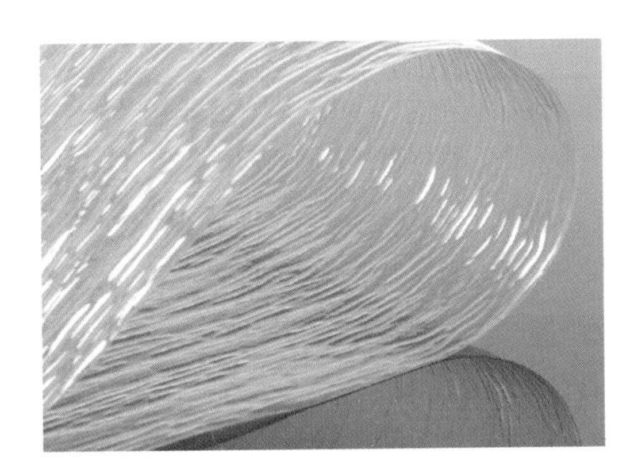

图 5-19　粘贴法材料之水波纹片

图 5-20　水环境制作之粘贴法

5. 草皮制作

（1）草皮纸（图 5-21）。草皮纸是经常被用到并且是制作草地最简单的一种方法，用它制作的草坪有很强的规整性。草皮纸一般用于平地中，可以在模型商店买到，制作时剪裁出所需要的草皮的形状，背面涂胶，直接粘贴到沙板上即可。

（2）草粉（图 5-22）。草粉是经搅拌、粉碎、上色制作而成的一种粉末状的材料，草粉比草皮纸更有立体的感觉，它常用来表现草地、园林绿化带等部位。用草粉来制作草地也非常方便，首先在撒上草粉前按草地造型需求涂抹乳白胶，然后撒上草粉，待其晾干即可。

图 5-21　草皮纸

图 5-22　草粉

### （二）别墅建筑模型配景制作

1. 树木制作（图 5-23）

可以直接购买符合自己模型比例的树木模型，有带树叶的，也有只有树枝和树干的，需要买回来以后，放在胶中蘸一下，然后在需要的树粉颜色中旋转，做成树叶状，直接插在沙盘的底座上。可以用树木的干支直接制作树木模型，先修剪成想要的形状，然后在其表面喷涂白色，营造冬天的效果，直接插在底盘上。也可以用海绵或泡沫修剪成圆形、长方形等，在其表面喷涂颜色，粘贴草粉后用乳白胶直接粘在沙盘底座上。还可以用钢丝或铜丝进行制作，先用尖嘴钳将其从底部拧紧，拧成树干后再分叉修剪，做成树枝，待成型后，蘸胶粘粉，做成树枝。

2. 绿篱制作

绿篱在景观环境中常常与树木搭配使用，制作起来非常简单，可以将用来密封窗户的密封条喷涂颜色，然后按所需要的形状剪裁好以后用乳白胶直接粘在沙盘上面即可。

3. 公共设施制作

公共设施主要包括各种座椅、路灯（图 5-24）、栏杆、走廊、过道等。

可以直接购买，也可以通过雕刻机对想要的模型进行精细雕刻、喷漆。量身定做适合自己整体模型的配件。

4. 配景小品制作

在模型的整体环境中，假山、石景、车辆、桥、人物等都是必不可少的组成元素，无论观赏性还是实用性都对沙盘的整体效果产生了很大的影响，可以直接购买此类模型，也可以利用身边随手可得的生活用品来进行小品的制作，变废为宝。

图 5-23　树木模型

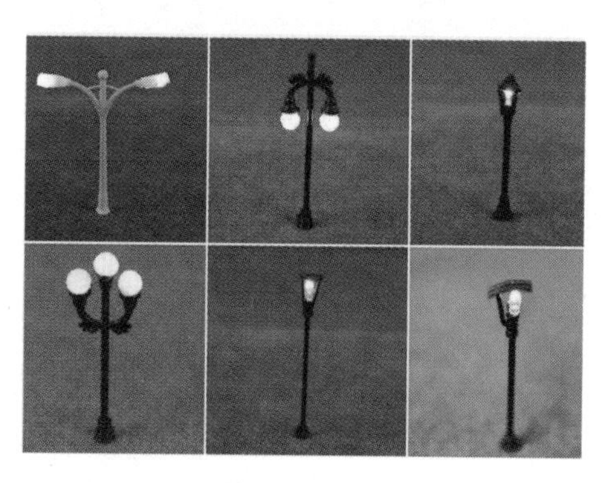
图 5-24　路灯模型

5. 灯光制作

模型灯光的配备要根据景物的特点来进行，住宅区的建筑、水景灯光应尽量用暖色，常绿树的背景用冷色，路灯应有规律整齐地排放，切忌到处都是通亮导致周边景观抢夺主体的色彩。在实际教学操作中，灯光可以简单布置，以重点展示主体建筑物为原则。

将水景灯置于亚克力板的背面，正负极相连，并用电焊枪蘸取焊锡膏焊接。接通电源转换器，连接电源。

### （三）别墅建筑模型摄影

建筑模型的拍摄是模型制作过程中必不可少的一部分，拍摄模型成品主要有两个目的：一是记录方案实施的整个过程；二是将建筑模型资料进行保存。对模型拍摄的精度要求非常的高，应选用500万像素以上的数码相机。

拍摄时通常选择在自然光线下进行，光线对于拍摄出来的照片效果有着决定性的影响。如果使用室内照明的话，应使拍摄方向与光源方向成45° 左右的水平夹角，以便于拍摄清晰的建筑模型轮廓。在光线较弱时，则需要使用辅助光源。拍摄内容通常有别墅模型多角度全景图、外立面整体效果图、顶视图、别墅模型细节图等。

## 四、项目检查表

<table>
<tr><th colspan="6">项目检查表</th></tr>
<tr><td colspan="2">实践项目</td><td colspan="4">别墅建筑模型设计与制作</td></tr>
<tr><td colspan="2">子项目</td><td>别墅建筑模型环境设计与制作</td><td>工作任务</td><td colspan="2">制作别墅庭院的模型</td></tr>
<tr><td colspan="3">检查学时</td><td colspan="3">0.5</td></tr>
<tr><td>序号</td><td>检查项目</td><td>检查标准</td><td>组内互查</td><td colspan="2">教师检查</td></tr>
<tr><td>1</td><td>模型设计图纸</td><td>是否详细、准确</td><td></td><td colspan="2"></td></tr>
<tr><td>2</td><td>材料和工具</td><td>是否齐全</td><td></td><td colspan="2"></td></tr>
<tr><td>3</td><td>别墅环境模型</td><td>是否合理、有创意</td><td></td><td colspan="2"></td></tr>
<tr><td>4</td><td>最终成品照片</td><td>是否有效果</td><td></td><td colspan="2"></td></tr>
<tr><td rowspan="4">检查评价</td><td>班　　级</td><td></td><td>第　　组</td><td>组长签字</td><td></td></tr>
<tr><td>小组成员签字</td><td colspan="4"></td></tr>
<tr><td colspan="5">评语：</td></tr>
<tr><td>教师签字</td><td></td><td>日期</td><td colspan="2"></td></tr>
</table>

## 五、项目评价表

| 项目评价表 | | | | | | |
|---|---|---|---|---|---|---|
| 实践项目 | 别墅建筑模型设计与制作 | | | | | |
| 子项目 | 别墅建筑模型环境设计与制作 | | 工作任务 | | 制作别墅庭院的模型 | |
| 评价学时 | | | 1 | | | |
| 考核项目 | 考核内容及要求 | 分值 | 学生自评 10% | 小组评分 20% | 教师评分 70% | 实得分 |
| 设计方案 | 方案合理性、创新性、完整性 | 50 | | | | |
| 方案表达 | 设计理念表达 | 15 | | | | |
| 完成时间 | 3课时时间内完成，每超时5分钟扣1分 | 15 | | | | |
| 小组合作 | 能够独立完成任务得满分 | 20 | | | | |
| | 在组内成员帮助下完成得15分 | | | | | |
| 总分 | | 100 | | | | |
| 项目评价 | 班　级 | | 姓　名 | | 学号 | |
| | 第　组 | 组长签字 | | | | |
| | 评语： | | | | | |
| | 教师签字 | | | 日期 | | |

## 六、项目总结

别墅环境模型制作的方案设计是本项目设计的最后一个环节，虽然工作量不是很大，但是这个环节是非常可以突出效果的一个项目，需要在制作模型的时候整体规划，不要脱离别墅模型的主体，要和制作好的模型融合在一起，包括庭院的风格、模型整体的色彩、材质及造型都是需要有相互联系的。

## 七、项目实训

（1）进行别墅庭院的平面规划。

（2）绘制制作别墅庭院模型的平面图纸。

（3）制作别墅建筑模型的庭院。

（4）拍摄模型的最终效果。

## 八、参考资料

### （一）图书资料

（1）杨丽娜，张子毅．建筑模型设计与制作．北京：清华大学出版社，2013.

（2）刘俊．环境艺术模型设计与制作．长沙：湖南大学出版社，2011.

（3）韩光煦，韩燕．别墅及环境设计．杭州：中国美术学院出版社，2006.

### （二）网络资料

自在建房网 http://www.zijianfang.cn/。

# 别墅设计项目案例

## 一、哈尔滨海域岛屿墅别墅设计

海域岛屿墅位于哈尔滨市松北区丁香大道与热源路交汇处，是 10 万 $m^2$ 德式风格纯别墅住区，由双拼、四联、六联、八联多种别墅形式组成。低容积率、低建筑密度、高绿化率空间，户内设有自平衡式新风系统。海域岛屿墅采用 Art Deco 风格，又被称为装饰艺术派风格。简洁流畅的竖向线条，变化优质的凹凸关系，浅色石材与深色金属漆强烈的对比，显现了建筑高贵而内敛、优雅而不动声色的文化气息。

本案户型共 4 层（地下室、一层、二层、三层阁楼），面积为 260$m^2$ 左右。首层净高 3.4m 提高客厅地面高度与餐厅错层形式相连；二层卧室、家庭活动室、茶室等功能分割明确；三层阁楼设立独立的阳光书房、浴室、衣帽间及超大露台；地下室设有影音室与酒吧；室外拥有独立的庭院。

项目名称：哈尔滨海域岛屿墅别墅设计

设计及施工单位：哈尔滨博伊尚艺装饰工程有限公司

施工时间：2013 年（图 6-1 ~图 6-6）

图 6-1 岛屿墅别墅客厅设计

图 6-2 岛屿墅别墅餐厅设计

图 6-3 岛屿墅别墅主卧室设计

图 6-4　岛屿墅别墅酒吧设计（地下室）

图 6-5　岛屿墅别墅茶室设计

图 6-6　岛屿墅别墅书房设计

## 二、葫芦岛别墅设计

葫芦岛别墅项目是私人委托的别墅建筑和室内设计项目，位于辽宁省葫芦岛市郊的一个村庄里，土地面积约 600m$^2$，要求别墅使用面积在 200m$^2$ 左右，适合一对年轻夫妇和一个 5 岁小男孩及女方的父母五口之家居住。别墅整体为欧式风格，室内一层空间要求有客厅、餐厅、厨房、保姆房、客房及娱乐室，二层空间要有主卧室、更衣室、卫生间、儿童房及老人房。室外独立庭院部分有亭子、水景、绿化。由于该别墅主要用于度假，整体倾向于休闲品位。

项目名称：葫芦岛别墅设计

设计及施工单位：葫芦岛市金鼎建筑工程有限公司

施工时间：2009 年（图 6-7 ~ 图 6-13）

图 6-7　别墅南向效果图

图 6-8　别墅北向效果图

图 6-9　别墅客厅设计

图 6-10　别墅门厅设计

图 6-11　别墅卧室设计

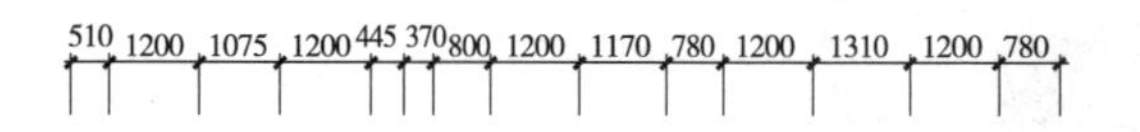


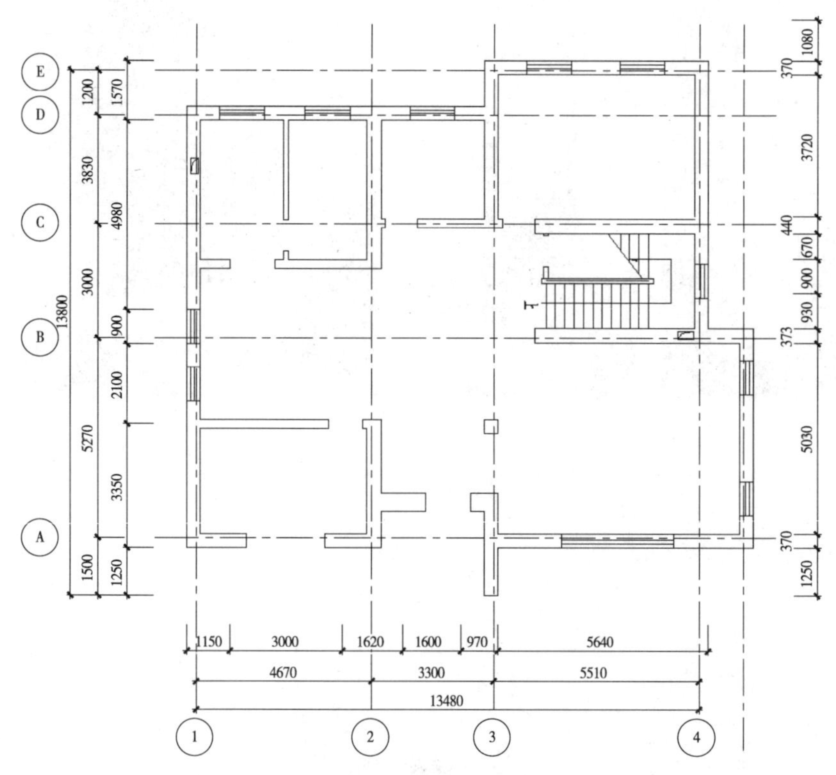


图 6-12 别墅一层平面图

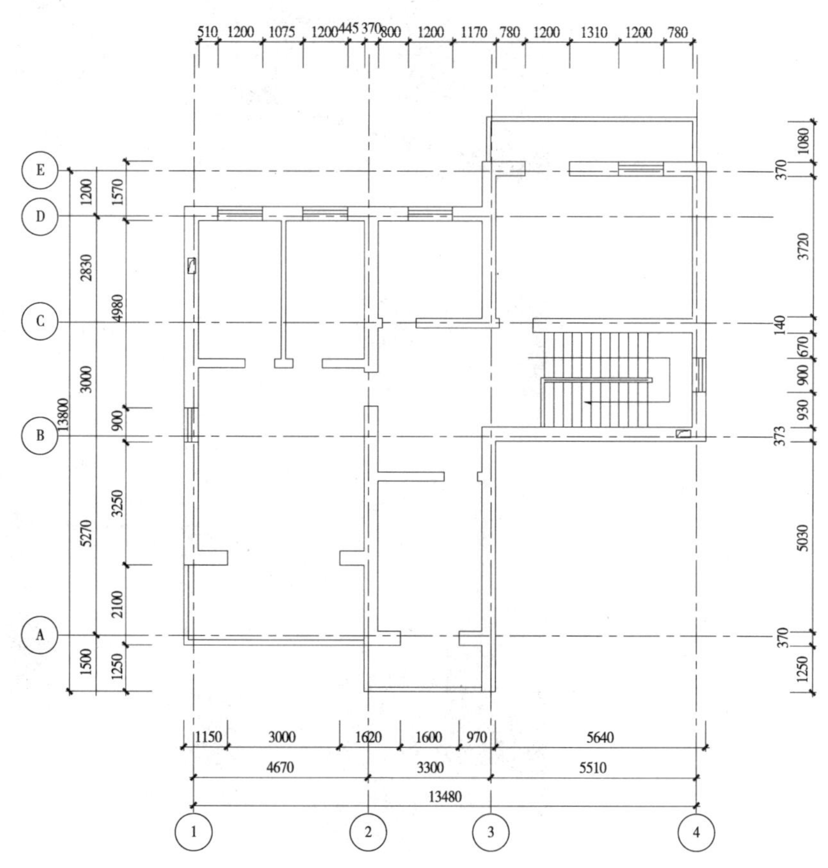


图 6-13 别墅二层平面图

# 学生实训项目评价表

<table>
<tr><td>姓名</td><td></td><td>班级</td><td></td><td>小组</td><td></td><td colspan="2">指导教师</td><td></td></tr>
<tr><td colspan="2">项目名称</td><td colspan="2"></td><td>课　　时</td><td colspan="4"></td></tr>
<tr><td colspan="2">评价分类</td><td colspan="3">内　　容</td><td>自我评价</td><td>组长评价</td><td>同学评价</td><td>教师评价</td></tr>
<tr><td rowspan="22">项目实践评价</td><td rowspan="3">1. 情感态度</td><td colspan="3">（1）积极、认真参与活动</td><td></td><td></td><td></td><td></td></tr>
<tr><td colspan="3">（2）对分配给自己的任务负责任</td><td></td><td></td><td></td><td></td></tr>
<tr><td colspan="3">（3）主动提出设想、建议</td><td></td><td></td><td></td><td></td></tr>
<tr><td rowspan="4">2. 合作交流</td><td colspan="3">（1）能主动发表我的见解</td><td></td><td></td><td></td><td></td></tr>
<tr><td colspan="3">（2）能让大家听明白我的意思</td><td></td><td></td><td></td><td></td></tr>
<tr><td colspan="3">（3）主动和同学配合，乐于帮助同学</td><td></td><td></td><td></td><td></td></tr>
<tr><td colspan="3">（4）能认真倾听同学意见，尊重别人</td><td></td><td></td><td></td><td></td></tr>
<tr><td rowspan="3">3. 学习技能</td><td colspan="3">（1）会用多种方法搜索、处理信息</td><td></td><td></td><td></td><td></td></tr>
<tr><td colspan="3">（2）善于自主学习，取长补短</td><td></td><td></td><td></td><td></td></tr>
<tr><td colspan="3">（3）实践方法、方式多样</td><td></td><td></td><td></td><td></td></tr>
<tr><td rowspan="3">4. 实践活动</td><td colspan="3">（1）积极动脑、动手、动口参与</td><td></td><td></td><td></td><td></td></tr>
<tr><td colspan="3">（2）注重培养自己的探究、口语表达等综合能力</td><td></td><td></td><td></td><td></td></tr>
<tr><td colspan="3">（3）会与别人交往、交流</td><td></td><td></td><td></td><td></td></tr>
<tr><td rowspan="3">5. 成果展示</td><td colspan="3">（1）成果表现有新意</td><td></td><td></td><td></td><td></td></tr>
<tr><td colspan="3">（2）制图符合装饰制图规范要求</td><td></td><td></td><td></td><td></td></tr>
<tr><td colspan="3">（3）成果符合项目设计要求</td><td></td><td></td><td></td><td></td></tr>
<tr><td rowspan="4">6. 个性化发展</td><td colspan="3">（1）在设计创意方面有提高</td><td></td><td></td><td></td><td></td></tr>
<tr><td colspan="3">（2）在电脑绘图技能上有提高</td><td></td><td></td><td></td><td></td></tr>
<tr><td colspan="3">（3）在专业理论学习上有提高</td><td></td><td></td><td></td><td></td></tr>
<tr><td colspan="3">（4）在工作方法上有提高</td><td></td><td></td><td></td><td></td></tr>
<tr><td>合计</td><td colspan="3"></td><td></td><td></td><td></td><td></td></tr>
<tr><td>平均成绩</td><td colspan="7"></td></tr>
</table>

| | | |
|---|---|---|
| 评价问卷 | 1. 你是否一直对参与的主题活动感兴趣 | |
| | 2. 你是否参加过活动主题的选择 | |
| | 3. 你收集信息、资料的途径有哪些 | |
| | 4. 你在活动中遇到的最大问题是什么 | |
| | 5. 本次活动中你最感兴趣的是什么 | |
| | 6. 你对活动成果是否满意 | |
| | 7. 本次活动中，你发现了什么 | |
| | 8. 活动中，你最大的收获是什么 | |
| | 9. 小组成员合作是否愉快 | |
| | 10. 你们在活动中遇到哪些困难或问题 | |
| | 11. 你们是怎样合作克服困难的 | |
| | 12. 你们认为下次活动还应从哪些方面加以改进 | |

**注** “项目实践评价”评分标准为：A（5分）、B（4分）、C（3分）、D（2分）、E（1分）。

# 附录 《住宅建筑规范》(GB 50368—2005)(节选)

《住宅建筑规范》(GB 50368—2005),中华人民共和国建设部2005年11月30日发布,2006年3月1日实施。

## 1 总则

1.0.1 为贯彻执行国家技术经济政策,推进可持续发展,规范住宅的基本功能和性能要求,依据有关法律、法规,制定本规范。

1.0.2 本规范适用于城镇住宅的建设、使用和维护。

1.0.3 住宅建设应因地制宜、节约资源、保护环境,做到适用、经济、美观,符合节能、节地、节水、节材的要求。

1.0.4 本规范的规定为对住宅的基本要求。当与法律、行政法规的规定抵触时,应按法律、行政法规的规定执行。

1.0.5 住宅的建设、使用和维护,尚应符合经国家批准或备案的有关标准的规定。

## 2 术语

2.0.1 住宅建筑 residential building

供家庭居住使用的建筑(含与其他功能空间处于同一建筑中的住宅部分),简称住宅。

2.0.2 老年人住宅 house for the aged

供以老年人为核心的家庭居住使用的专用住宅。老年人住宅以套为单位,普通住宅楼栋中可设置若干套老年人住宅。

2.0.3 住宅单元 residential building unit

由多套住宅组成的建筑部分,该部分内的住户可通过共用楼梯和安全出口进行疏散。

2.0.4 套 dwelling space

由使用面积、居住空间组成的基本住宅单位。

2.0.5 无障碍通路 barrier-free passage

住宅外部的道路、绿地与公共服务设施等用地内的适合老年人、体弱者、残疾人、轮椅及童车等通行的交通设施。

2.0.6 绿地 green space

居住用地内公共绿地、宅旁绿地、公共服务设施所属绿地和道路绿地(即道路红线内的绿地)等各种形式绿地的总称,包括满足当地植树绿化覆土要求、方便居民出入的地下或半地下建筑的屋顶绿地,不包括其他屋顶、晒台的绿地及垂直绿化。

2.0.7 公共绿地 public green space

满足规定的日照要求、适合于安排游憩活动设施的、供居民共享的集中绿地。

2.0.8 绿地率 greening rate

居住用地内各类绿地面积的总和与用地面积的比率(%)。

2.0.9 入口平台 entrance platform

在台阶或坡道与建筑人口之间的水平地面。

2.0.10 无障碍住房 barrier-free residence

在住宅建筑中,设有乘轮椅者可进入和使用的住宅套房。

2.0.11 轮椅坡道 ramp for wheelchair

坡度、宽度及地面、扶手、高度等方面符合乘轮椅者通行要求的坡道。

2.0.12 地下室 basement

房间地面低于室外地平面的高度超过该房间净高的1/2者。

2.0.13 半地下室 semi-basement

房间地面低于室外地平面的高度超过该房间净高的1/3,且不超过1/2者。

2.0.14 设计使用年限 design working life

设计规定的结构或结构构件不需进行大修即可按其预定目的使用的时期。

2.0.15 作用 action

引起结构或结构构件产生内力和变形效应的原因。

2.0.16 非结构构件 non-structural element

连接于建筑结构的建筑构件、机电部件及其系统。

## 3 基本规定

3.1 住宅基本要求

3.1.1 住宅建设应符合城市规划要求，保障居民的基本生活条件和环境，经济、合理、有效地使用土地和空间。

3.1.2 住宅选址时应考虑噪声、有害物质、电磁辐射和工程地质灾害、水文地质灾害等的不利影响。

3.1.3 住宅应具有与其居住人口规模相适应的公共服务设施、道路和公共绿地。

3.1.4 住宅应按套型设计，套内空间和设施应能满足安全、舒适、卫生等生活起居的基本要求。

3.1.5 住宅结构在规定的设计使用年限内必须具有足够的可靠性。

3.1.6 住宅应具有防火安全性能。

3.1.7 住宅应具备在紧急事态时人员从建筑中安全撤出的功能。

3.1.8 住宅应满足人体健康所需的通风、日照、自然采光和隔声要求。

3.1.9 住宅建设的选材应避免造成环境污染。

3.1.10 住宅必须进行节能设计，且住宅及其室内设备应能有效利用能源和水资源。

3.1.11 住宅建设应符合无障碍设计原则。

3.1.12 住宅应采取防止外窗玻璃、外墙装饰及其他附属设施等坠落或坠落伤人的措施。

3.2 许可原则

3.2.1 住宅建设必须采用质量合格并符合要求的材料与设备。

3.2.2 当住宅建设采用不符合工程建设强制性标准的新技术、新工艺、新材料时，必须经相关程序核准。

3.2.3 未经技术鉴定和设计认可，不得拆改结构构件和进行加层改造。

3.3 既有住宅

3.3.1 既有住宅达到设计使用年限或遭遇重大灾害后，需要继续使用时，应委托具有相应资质的机构鉴定，并根据鉴定结论进行处理。

3.3.2 既有住宅进行改造、改建时，应综合考虑节能、防火、抗震的要求。

## 4 外部环境

4.1 相邻关系

4.1.1 住宅间距，应以满足日照要求为基础，综合考虑采光、通风、消防、防灾、管线埋设、视觉卫生等要求确定。住宅日照标准应符合表 4.1.1 的规定；对于特定情况还应符合下列规定：

1 老年人住宅不应低于冬至日日照 2h 的标准。

2 旧区改建的项目内新建住宅日照标准可酌情降低，但不应低于大寒日日照 1h 的标准。

**表 4.1.1 住宅建筑日照标准**

<table>
<tr><td rowspan="2">建筑气候区划</td><td colspan="2">I、II、III、IV 气候区</td><td colspan="2">IV 气候区</td><td rowspan="2">V、VI<br>气候区</td></tr>
<tr><td>大城市</td><td>中小城市</td><td>大城市</td><td>中小城市</td></tr>
<tr><td>日照标准日</td><td colspan="3">大寒日</td><td colspan="2">冬至日</td></tr>
<tr><td>日照时数 /h</td><td>≥ 2</td><td colspan="2">≥ 3</td><td colspan="2">≥ 1</td></tr>
<tr><td>有效日照时间带 /h<br>（当地真太阳时）</td><td colspan="3">8 ~ 16</td><td colspan="2">9 ~ 15</td></tr>
<tr><td>日照时间计算起点</td><td colspan="5">底层窗台面</td></tr>
</table>

4.1.2　住宅至道路边缘的最小距离，应符合表 4.1.2 的规定。

表 4.1.2　住宅至道路边缘最小距离　　单位：m

| 与住宅距离 \ 路面宽度 | | | <6 | 6～9 | >9 |
|---|---|---|---|---|---|
| 住宅面向道路 | 无出入口 | 高层 | 2 | 3 | 5 |
| | | 多层 | 2 | 3 | 3 |
| | 有出入口 | | 2.5 | 5 | — |
| 住宅山墙面向道路 | | 高层 | 1.5 | 2 | 4 |
| | | 多层 | 1.5 | 2 | 2 |

4.1.3　住宅周边设置的各类管线不应影响住宅的安全，并应防止管线腐蚀、沉陷、振动及受重压。

4.3　道路交通

4.3.1　每个住宅单元至少应有一个出入口可以通达机动车。

4.3.2　道路设置应符合下列规定：

1 双车道道路的路面宽度不应小于 6m；宅前路的路面宽度不应小于 2.5m。

2 当尽端式道路的长度大于 120m 时，应在尽端设置不小于 12m×12m 的回车场地。

3 当主要道路坡度较大时，应设缓冲段与城市道路相接。

4 在抗震设防地区，道路交通应考虑减灾、救灾的要求。

4.3.3　无障碍通路应贯通，并应符合下列规定：

1 坡道的坡度应符合表 4.3.3 的规定。

表 4.3.3　坡道的坡度

| 高度 /m | 1.50 | 1.00 | 0.75 |
|---|---|---|---|
| 坡度 | ≤ 1:20 | ≤ 1:16 | ≤ 1:12 |

2 人行道在交叉路口、街坊路口、广场入口处应设缘石坡道，其坡面应平整，且不应光滑。坡度应小于 1：20，坡宽应大于 1.2m。

3 通行轮椅车的坡道宽度不应小于 1.5m。

4.3.4　居住用地内应配套设置居民自行车、汽车的停车场地或停车库。

4.4　室外环境

4.4.1　新区的绿地率不应低于 30%。

4.4.2　公共绿地总指标不应少于 $1m^2$/ 人。

4.4.3　人工景观水体的补充水严禁使用自来水。无护栏水体的近岸 2m 范围内及园桥、汀步附近 2m 范围内，水深不应大于 0.5m。

4.4.4　受噪声影响的住宅周边应采取防噪措施。

4.5　竖向

4.5.1　地面水的排水系统，应根据地形特点设计，地面排水坡度不应小于 0.2%。

4.5.2　住宅用地的防护工程设置应符合下列规定：

1 台阶式用地的台阶之间应用护坡或挡土墙连接，相邻台地间高差大于 1.5m 时，应在挡土墙或坡比值大于 0.5 的护坡顶面加设安全防护设施。

2 土质护坡的坡比值不应大于 0.5。

3 高度大于 2m 的挡土墙和护坡的上缘与住宅间水平距离不应小于 3m，其下缘与住宅间的水平距离不应小于 2m。

## 5　建筑

5.1　套内空间

5.1.1　每套住宅应设卧室、起居室（厅）、厨房和卫生间等基本空间。

5.1.2　厨房应设置炉灶、洗涤池、案台、排油烟机等设施或预留位置。

5.1.3　卫生间不应直接布置在下层住户的卧室、起居室（厅）、厨房、餐厅的上层。卫生间地面和局部墙面应有防水构造。

5.1.4　卫生间应设置便器、洗浴器、洗面器等设施或预留位置；布置便器的卫生间的门不应直接开在厨房内。

5.1.5　外窗窗台距楼面、地面的净高低于 0.90m 时，应有防护设施。六层及六层以下住宅的阳台栏杆净高不应低于 1.05m，七层及七层以上住宅的阳台栏杆净高不应低于 1.10m。阳台栏杆应有防护措施。防护栏杆的垂直杆件间净距不应大于 0.11m。

5.1.6 卧室、起居室（厅）的室内净高不应低于2.40m，局部净高不应低于2.10m，局部净高的面积不应大于室内使用面积的1/3。利用坡屋顶内空间作卧室、起居室（厅）时，其1/2使用面积的室内净高不应低于2.10m。

5.1.7 阳台地面构造应有排水措施。

5.2 公共部分

5.2.1 走廊和公共部位通道的净宽不应小于1.20m，局部净高不应低于2.00m。

5.2.2 外廊、内天井及上人屋面等临空处栏杆净高，六层及六层以下不应低于1.05m；七层及七层以上不应低于1.10m。栏杆应防止攀登，垂直杆件间净距不应大于0.11m。

5.2.3 楼梯梯段净宽不应小于1.10m。六层及六层以下住宅，一边设有栏杆的梯段净宽不应小于1.00m。楼梯踏步宽度不应小于0.26m，踏步高度不应大于0.175m。扶手高度不应小于0.90m。楼梯水平段栏杆长度大于0.50m时，其扶手高度不应小于1.05m。楼梯栏杆垂直杆件间净距不应大于0.11m。楼梯井净宽大于0.11m时，必须采取防止儿童攀滑的措施。

5.2.4 住宅与附建公共用房的出入口应分开布置。住宅的公共出入口位于阳台、外廊及开敞楼梯平台的下部时，应采取防止物体坠落伤人的安全措施。

5.2.5 七层以及七层以上的住宅或住户入口层楼面距室外设计地面的高度超过16m以上的住宅必须设置电梯。

5.2.6 住宅建筑中设有管理人员室时，应设管理人员使用的卫生间。

5.3 无障碍要求

5.3.1 七层及七层以上的住宅，应对下列部位进行无障碍设计：

1 建筑入口。

2 入口平台。

3 候梯厅。

4 公共走道。

5 无障碍住房。

5.3.2 建筑入口及入口平台的无障碍设计应符合下列规定：

1 建筑入口设台阶时，应设轮椅坡道和扶手。

2 坡道的坡度应符合表5.3.2的规定。

表5.3.2 坡道的坡度

| 高度/m | 1.00 | 0.75 | 0.60 | 0.35 |
|---|---|---|---|---|
| 坡度 | ≤1∶16 | ≤1∶12 | ≤1∶10 | ≤1∶8 |

3 供轮椅通行的门净宽不应小于0.80m。

4 供轮椅通行的推拉门和平开门，在门把手一侧的墙面，应留有不小于0.50m的墙面宽度。

5 供轮椅通行的门扇，应安装视线观察玻璃、横执把手和关门拉手，在门扇的下方应安装高0.35m的护门板。

6 门槛高度及门内外地面高差不应大于15mm，并应以斜坡过渡。

5.3.3 七层及七层以上住宅建筑入口平台宽度不应小于2.00m。

5.3.4 供轮椅通行的走道和通道净宽不应小于1.20m。

5.4 地下室

5.4.1 住宅的卧室、起居室（厅）、厨房不应布置在地下室。当布置在半地下室时，必须采取采光、通风、日照、防潮、排水及安全防护措施。

5.4.2 住宅地下机动车库应符合下列规定：

1 库内坡道严禁将宽的单车道兼作双车道。

2 库内不应设置修理车位，并不应设置使用或存放易燃、易爆物品的房间。

3 库内车道净高不应低于2.20m。车位净高不应低于2.00m。

4 库内直通住宅单元的楼（电）梯间应设门，严禁利用楼（电）梯间进行自然通风。

5.4.3 住宅地下自行车库净高不应低于2.00m。

5.4.4 住宅地下室应采取有效防水措施。

## 6 结构

6.1 一般规定

6.1.1 住宅结构的设计使用年限不应少于50年，

其安全等级不应低于二级。

6.1.2 抗震设防烈度为6度及以上地区的住宅结构必须进行抗震设计，其抗震设防类别不应低于丙类。

6.1.3 住宅结构设计应取得合格的岩土工程勘察文件。对不利地段，应提出避开要求或采取有效措施；严禁在抗震危险地段建造住宅建筑。

6.1.4 住宅结构应能承受在正常建造和正常使用过程中可能发生的各种作用和环境影响。在结构设计使用年限内，住宅结构和结构构件必须满足安全性、适用性和耐久性要求。

6.1.5 住宅结构不应产生影响结构安全的裂缝。

6.1.6 邻近住宅的永久性边坡的设计使用年限，不应低于受其影响的住宅结构的设计使用年限。

6.2 材料

6.2.1 住宅结构材料应具有规定的物理、力学性能和耐久性能，并应符合节约资源和保护环境的原则。

6.2.2 住宅结构材料的强度标准值应具有不低于95%的保证率；抗震设防地区的住宅，其结构用钢材应符合抗震性能要求。

6.2.3 住宅结构用混凝土的强度等级不应低于C20。

6.2.4 住宅结构用钢材应具有抗拉强度、屈服强度、伸长率和硫、磷含量的合格保证；对焊接钢结构用钢材，尚应具有碳含量、冷弯试验的合格保证。

6.2.5 住宅结构中承重砌体材料的强度应符合下列规定：

1 烧结普通砖、烧结多孔砖、蒸压灰砂砖、蒸压粉煤灰砖的强度等级不应低于MU10。

2 混凝土砌块的强度等级不应低于MU7.5。

3 砖砌体的砂浆强度等级，抗震设计时不应低于M5；非抗震设计时，对低于五层的住宅不应低于M2.5，对不低于五层的住宅不应低于M5。

4 砌块砌体的砂浆强度等级，抗震设计时不应低于Mb7.5非抗震设计时不应低于Mb5。

6.2.6 木结构住宅中，承重木材的强度等级不应低于TC11（针叶树种）或TB11（阔叶树种），其设计指标应考虑含水率的不利影响；承重结构用胶的胶合强度不应低于木材顺纹抗剪强度和横纹抗拉强度。

6.3 地基基础

6.3.1 住宅应根据岩土工程勘察文件，综合考虑主体结构类型、地域特点、抗震设防烈度和施工条件等因素，进行地基基础设计。

6.3.2 住宅的地基基础应满足承载力和稳定性要求，地基变形应保证住宅的结构安全和正常使用。

6.3.3 基坑开挖及其支护应保证其自身及其周边环境的安全。

6.3.4 桩基础和经处理后的地基应进行承载力检验。

6.4 上部结构

6.4.1 住宅应避免因局部破坏而导致整个结构丧失承载能力和稳定性。抗震设防地区的住宅不应采用严重不规则的设计方案。

6.4.2 抗震没防地区的住宅，应进行结构、结构构件的抗震验算，并应根据结构材料、结构体系、房屋高度、抗震设防烈度、场地类别等因素，采取可靠的抗震措施。

6.4.3 住宅结构中，刚度和承载力有突变的部位，应采取可靠的加强措施。9度抗震设防的住宅，不得采用错层结构、连体结构和带转换层的结构。

6.4.4 住宅的砌体结构，应采取有效的措施保证其整体性；在抗震设防地区尚应满足抗震性能要求。

6.4.5 底部框架、上部砌体结构住宅中，结构转换层的托墙梁、楼板以及紧邻转换层的竖向结构构件应采取可靠的加强措施；在抗震设防地区，底部框架不应超过2层，并应设置剪力墙。

6.4.6 住宅中的混凝土结构构件，其混凝土保护层厚度和配筋构造应满足受力性能和耐久性要求。

6.4.7 住宅的普通钢结构、轻型钢结构构件及其连接应采取有效的防火、防腐措施。

6.4.8 住宅木结构构件应采取有效的防火、防潮、防腐、防虫措施。

6.4.9 依附于住宅结构的围护结构和非结构构件，应采取与主体结构可靠的连接或锚固措施，并应满足安全性和适用性要求。

## 7 室内环境

7.1 噪声和隔声

7.1.1 住宅应在平面布置和建筑构造上采取防噪声措施。卧室、起居室在关窗状态下的白天允许噪声级为50dB（A声级），夜间允许噪声级为40dB（A声级）。

7.1.2 楼板的计权标准化撞击声压级不应大于75dB。

应采取构造措施提高楼板的撞击声隔声性能。

7.1.3 空气声计权隔声量，楼板不应小于40dB（分隔住宅和非居住用途空间的楼板不应小于55dB），分户墙不应小于40dB，外窗不应小于30dB，户门不应小于25dB。

应采取构造措施提高楼板、分户墙、外窗、户门的空气声隔声性能。

7.1.4 水、暖、电、气管线穿过楼板和墙体时，孔洞周边应采取密封隔声措施。

7.1.5 电梯不应与卧室、起居室紧邻布置。受条件限制需要紧邻布置时，必须采取有效的隔声和减振措施。

7.1.6 管道井、水泵房、风机房应采取有效的隔声措施，水泵、风机应采取减振措施。

7.2 日照、采光、照明和自然通风

7.2.1 住宅应充分利用外部环境提供的日照条件，每套住宅至少应有一个居住空间能获得冬季日照。

7.2.2 卧室、起居室（厅）、厨房应设置外窗，窗地面积比不应小于1/7。

7.2.3 套内空间应能提供与其使用功能相适应的照度水平。套外的门厅、电梯前厅、走廊、楼梯的地面照度应能满足使用功能要求。

7.2.4 住宅应能自然通风，每套住宅的通风开口面积不应小于地面面积的5%。

7.3 防潮

7.3.1 住宅的屋面、外墙、外窗应能防止雨水和冰雪融化水侵入室内。

7.3.2 住宅屋面和外墙的内表面在室内温、湿度设计条件下不应出现结露。

7.4 空气污染

7.4.1 住宅室内空气污染物的活度和浓度应符合表7.4.1的规定。

表7.4.1 住宅室内空气污染物限值

| 污染物名称 | 活度、浓度限值 |
|---|---|
| 氡 | ≤ 200Bq/m$^3$ |
| 游离甲醛 | ≤ 0.08mg/m$^3$ |
| 苯 | ≤ 0.09mg/m$^3$ |
| 氨 | ≤ 0.2mg/m$^3$ |
| 总挥发性有机化合物（TVOC） | ≤ 0.5mg/m$^3$ |

## 8 设备

8.1 一般规定

8.1.1 住宅应设室内给水排水系统。

8.1.2 严寒地区和寒冷地区的住宅应设采暖设施。

8.1.3 住宅应设照明供电系统。

8.1.4 住宅的给水总立管、雨水立管、消防立管、采暖供回水总立管和电气、电信干线（管），不应布置在套内。公共功能的阀门、电气设备和用于总体调节和检修的部件，应设在共用部位。

8.1.5 住宅的水表、电能表、热量表和燃气表的设置应便于管理。

8.2 给水排水

8.2.1 生活给水系统和生活热水系统的水质、管道直饮水系统的水质和生活杂用水系统的水质均应符合使用要求。

8.2.2 生活给水系统应充分利用城镇给水管网的水压直接供水。

8.2.3 生活饮用水供水设施和管道的设置，应保证二次供水的使用要求。供水管道、阀门和配件应符合耐腐蚀和耐压的要求。

8.2.4 套内分户用水点的给水压力不应小于0.05MPa，入户管的给水压力不应大于0.35MPa。

8.2.5 采用集中热水供应系统的住宅，配水点的水温不应低于45℃。

8.2.6 卫生器具和配件应采用节水型产品，不得使用一次冲水量大于6L的坐便器。

8.2.7 住宅厨房和卫生间的排水立管应分别设置。排水管道不得穿越卧室。

8.2.8 设有淋浴器和洗衣机的部位应设置地漏，其水封深度不得小于50mm。构造内无存水弯的卫生器具与生活排水管道连接时，在排水口以下应设存水弯，其水封深度不得小于50mm。

8.2.9 地下室、半地下室中卫生器具和地漏的排水管，不应与上部排水管连接。

8.2.10 适合建设中水设施和雨水利用设施的住宅，应按照当地的有关规定配套建设中水设施和雨水利用设施。

8.2.11 设有中水系统的住宅，必须采取确保使用、维修和防止误饮误用的安全措施。

8.3 采暖、通风与空调

8.3.1 集中采暖系统应采取分室（户）温度调节措施，并应设置分户（单元）计量装置或预留安装计量装置的位置。

8.3.2 设置集中采暖系统的住宅，室内采暖计算温度不应低于表8.3.2的规定：

**表8.3.2 采暖计算温度**

| 空间类别 | 采暖计算温度/℃ |
|---|---|
| 卧室、起居室（厅）和卫生间 | 18 |
| 厨房 | 15 |
| 设采暖的楼梯间和走廊 | 14 |

8.3.3 集中采暖系统应以热水为热媒，并应有可靠的水质保证措施。

8.3.4 采暖系统应没有冻结危险，并应有热膨胀补偿措施。

8.3.5 除电力充足和供电政策支持外，严寒地区和寒冷地区的住宅内不应采用直接电热采暖。

8.3.6 厨房和无外窗的卫生间应有通风措施，且应预留安装排风机的位置和条件。

8.3.7 当采用竖向通风道时，应采取防止支管回流和竖井泄漏的措施。

8.3.8 当选择水源热泵作为居住区或户用空调（热泵）机组的冷热源时，必须确保水源热泵系统的回灌水不破坏和不污染所使用的水资源。

8.4 燃气

8.4.1 住宅应使用符合城镇燃气质量标准的可燃气体。

8.4.2 住宅内管道燃气的供气压力不应高于0.2MPa。

8.4.3 住宅内各类用气设备应使用低压燃气，其人口压力必须控制在设备的允许压力波动范围内。

8.4.4 套内的燃气设备应设置在厨房或与厨房相连的阳台内。

8.4.5 住宅的地下室、半地下室内严禁设置液化石油气用气设备、管道和气瓶。十层及十层以上住宅内不得使用瓶装液化石油气。

8.4.6 住宅的地下室、半地下室内设置人工煤气、天然气用气设备时，必须采取安全措施。

8.4.7 住宅内燃气管道不得敷设在卧室、暖气沟、排烟道、垃圾道和电梯井内。

8.4.8 住宅内设置的燃气设备和管道，应满足与电气设备和相邻管道的净距要求。

8.4.9 住宅内各类用气设备排出的烟气必须排至室外。多台设备合用一个烟道时不得相互干扰。厨房燃具排气罩排出的油烟不得与热水器或采暖炉排烟合用一个烟道。

8.5 电气

8.5.1 电气线路的选材、配线应与住宅的用电负荷相适应，并应符合安全和防火要求。

8.5.2 住宅供配电应采取措施防止因接地故障等引起的火灾。

8.5.3 当应急照明在采用节能自熄开关控制时，必须采取应急时自动点亮的措施。

8.5.4 每套住宅应设置电源总断路器，总断路器应采用可同时断开相线和中性线的开关电器。

8.5.5　住宅套内的电源插座与照明，应分路配电。安装在 1.8m 及以下的插座均应采用安全型插座。

8.5.6　住宅应根据防雷分类采取相应的防雷措施。

8.5.7　住宅配电系统的接地方式应可靠，并应进行总等电位联结。

8.5.8　防雷接地应与交流工作接地、安全保护接地等共用一组接地装置，接地装置应优先利用住宅建筑的自然接地体，接地装置的接地电阻值必须按接入设备中要求的最小值确定。

## 9　防火与疏散

9.1　一般规定

9.1.1　住宅建筑的周围环境应为灭火救援提供外部条件。

9.1.2　住宅建筑中相邻套房之间应采取防火分隔措施。

9.1.3　当住宅与其他功能空间处于同一建筑内时，住宅部分与非住宅部分之间应采取防火分隔措施，且住宅部分的安全出口和疏散楼梯应独立设置。

经营、存放和使用火灾危险性为甲类、乙类物品的商店、作坊和储藏间，严禁附设在住宅建筑中。

9.1.4　住宅建筑的耐火性能、疏散条件和消防设施的设置应满足防火安全要求。

9.1.5　住宅建筑设备的设置和管线敷设应满足防火安全要求。

9.1.6　住宅建筑的防火与疏散要求应根据建筑层数、建筑面积等因素确定。

注：1 当住宅和其他功能空间处于同一建筑内时，应将住宅部分的层数与其他功能空间的层数叠加计算建筑层数。

2 当建筑中有一层或若干层的层高超过 3m 时，应对这些层按其高度总和除以 3m 进行层数折算，余数不足 1.5m 时，多出部分不计入建筑层数；余数大于或等于 1.5m 时，多出部分按 1 层计算。

9.2　耐火等级及其构件耐火极限

9.2.1　住宅建筑的耐火等级应划分为一级、二级、三级、四级，其构件的燃烧性能和耐火极限不应低于表 9.2.1 的规定。

9.2.2　四级耐火等级的住宅建筑最多允许建造层数为 3 层，三级耐火等级的住宅建筑最多允许建造层数为 9 层，二级耐火等级的住宅建筑最多允许建造层数为 18 层。

**表 9.2.1　住宅建筑构件的燃烧性能和耐火极限**　单位：h

| 构件名称 | | 耐火等级 | | | |
|---|---|---|---|---|---|
| | | 一级 | 二级 | 三级 | 四级 |
| 墙 | 防火墙 | 不燃性 3.00 | 不燃性 3.00 | 不燃性 3.00 | 不燃性 3.00 |
| | 非承重外墙、疏散走道两侧的隔墙 | 不燃性 1.00 | 不燃性 1.00 | 不燃性 0.75 | 难燃性 0.75 |
| | 楼梯间的墙、电梯井的墙、住宅单元之间的墙、住宅分户墙、承重墙 | 不燃性 2.00 | 不燃性 2.00 | 不燃性 1.50 | 难燃性 1.00 |
| | 房间隔墙 | 不燃性 0.75 | 不燃性 0.50 | 不燃性 0.50 | 难燃性 0.25 |
| 柱 | | 不燃性 3.00 | 不燃性 2.50 | 不燃性 2.00 | 难燃性 1.00 |
| 梁 | | 不燃性 2.00 | 不燃性 1.50 | 不燃性 1.00 | 难燃性 1.00 |
| 楼板 | | 不燃性 1.50 | 不燃性 1.00 | 不燃性 0.75 | 难燃性 0.50 |
| 屋顶承载构件 | | 不燃性 1.50 | 不燃性 1.00 | 难燃性 0.50 | 难燃性 0.25 |
| 疏散楼梯 | | 不燃性 1.50 | 不燃性 1.00 | 不燃性 0.75 | 难燃性 0.50 |

**注**　表中的外墙指除外保温层外的主体构件。

9.3　防火间距

9.3.1　住宅建筑与相邻建筑、设施之间的防火间距应根据建筑的耐火等级、外墙的防火构造、灭火救援条件及设施的性质等因素确定。

9.3.2　住宅建筑与相邻民用建筑之间的防火间距应符合表 9.3.2 的要求。当建筑相邻外墙采取必要的防火措施后，其防火间距可适当减少或贴邻。

表 9.3.2 住宅建筑与相邻民用建筑之间的防火间距

单位：m

| 建筑类别 | | | 10 层及 10 层以上住宅或其他高层民用建筑 | | 10 层以下住宅或其他费高层民用建筑 | | |
|---|---|---|---|---|---|---|---|
| | | | 高层建筑 | 裙房 | 耐火等级 | | |
| | | | | | 一级、二级 | 三级 | 四级 |
| 10 层以下住宅 | 耐火等级 | 一级、二级 | 9 | 6 | 6 | 7 | 9 |
| | | 三级 | 11 | 7 | 7 | 8 | 10 |
| | | 四级 | 14 | 9 | 9 | 10 | 12 |
| 10 层及 10 层以上住宅 | | | 13 | 9 | 9 | 11 | 14 |

9.4 防火构造

9.4.1 住宅建筑上下相邻套房开口部位间应设置高度不低于 0.8m 的窗槛墙或设置耐火极限不低于 1.00h 的不燃性实体挑檐，其出挑宽度不应小于 0.5m，长度不应小于开口宽度。

9.4.2 楼梯间窗口与套房窗口最近边缘之间的水平间距不应小于 1.0m。

9.4.3 住宅建筑中竖井的设置应符合下列要求：

1 电梯井应独立设置，井内严禁敷设燃气管道，并不应敷设与电梯无关的电缆、电线等。电梯井井壁上除开设电梯门洞和通气孔洞外，不应开设其他洞口。

2 电缆井、管道井、排烟道、排气道等竖井应分别独立设置，其井壁应采用耐火极限不低于 1.00h 的不燃性构件。

3 电缆井、管道井应在每层楼板处采用不低于楼板耐火极限的不燃性材料或防火封堵材料封堵；电缆井、管道井与房间、走道等相连通的孔洞，其空隙应采用防火封堵材料封堵。

4 电缆井和管道井设置在防烟楼梯间前室、合用前室时，其井壁上的检查门应采用丙级防火门。

9.4.4 当住宅建筑中的楼梯、电梯直通住宅楼层下部的汽车库时，楼梯、电梯在汽车库出入口部位应采取防火分隔措施。

9.5 安全疏散

9.5.1 住宅建筑应根据建筑的耐火等级、建筑层数、建筑面积、疏散距离等因素设置安全出口，并应符合下列要求：

1 10 层以下的住宅建筑，当住宅单元任一层的建筑面积大于 650m$^2$，或任一套房的户门至安全出口的距离大于 15m 时，该住宅单元每层的安全出口不应少于 2 个。

2 10 层及 10 层以上但不超过 18 层的住宅建筑，当住宅单元任一层的建筑面积大于 650m$^2$，或任一套房的户门至安全出口的距离大于 10m 时，该住宅单元每层的安全出口不应少于 2 个。

3 19 层及 19 层以上的住宅建筑，每个住宅单元每层的安全出口不应少于 2 个。

4 安全出口应分散布置，两个安全出口之间的距离不应小于 5m。

5 楼梯间及前室的门应向疏散方向开启；安装有门禁系统的住宅，应保证住宅直通室外的门在任何时候能从内部徒手开启。

9.5.2 每层有 2 个及 2 个以上安全出口的住宅单元，套房户门至最近安全出口的距离应根据建筑的耐火等级、楼梯间的形式和疏散方式确定。

9.5.3 住宅建筑的楼梯间形式应根据建筑形式、建筑层数、建筑面积以及套房户门的耐火等级等因素确定。在楼梯间的首层应设置直接对外的出口，或将对外出口设置在距离楼梯间不超过 15m 处。

9.5.4 住宅建筑楼梯间顶棚、墙面和地面均应采用不燃性材料。

9.6 消防给水与灭火设施

9.6.1 8 层及 8 层以上的住宅建筑应设置室内消防给水设施。

9.6.2 35 层及 35 层以上的住宅建筑应设置自动喷

水灭火系统。

9.7 消防电气

9.7.1 10层及10层以上住宅建筑的消防供电不应低于二级负荷要求。

9.7.2 35层及35层以上的住宅建筑应设置火灾自动报警系统。

9.7.3 10层及10层以上住宅建筑的楼梯间、电梯间及其前室应设置应急照明。

9.8 消防救援

9.8.1 10层及10层以上的住宅建筑应设置环形消防车道，或至少沿建筑的一个长边设置消防车道。

9.8.2 供消防车取水的天然水源和消防水池应设置消防车道，并满足消防车的取水要求。

9.8.3 12层及12层以上的住宅应设置消防电梯。

## 10 节能

10.1 一般规定

10.1.1 住宅应通过合理选择建筑的体形、朝向和窗墙面积比，增强围护结构的保温、隔热性能，使用能效比高的采暖和空气调节设备和系统，采取室温调控和热量计量措施来降低采暖、空气调节能耗。

10.1.2 节能设计应采用规定性指标，或采用直接计算采暖、空气调节能耗的性能化方法。

10.1.3 住宅围护结构的构造应防止围护结构内部保温材料受潮。

10.1.4 住宅公共部位的照明应采用高效光源、高效灯具和节能控制措施。

10.1.5 住宅内使用的电梯、水泵、风机等设备应采取节电措施。

10.1.6 住宅的设计与建造应与地区气候相适应，充分利用自然通风和太阳能等可再生能源。

10.2 规定性指标

10.2.1 住宅节能设计的规定性指标主要包括：建筑物体形系数、窗墙面积比、各部分围护结构的传热系数、外窗遮阳系数等。各建筑热工设计分区的具体规定性指标应根据节能目标分别确定。

10.2.2 当采用冷水机组和单元式空气调节机作为集中式空气调节系统的冷源设备时，其性能系数、能效比不应低于表10.2.2-1和表10.2.2-2的规定值。

**表 10.2.2-1 冷水（热泵）机组制冷性能系数**

| 类型 | | 额定制冷量 | 性能系数 |
|---|---|---|---|
| 水冷 | 活塞式/涡旋式 | <528<br>528 ~ 1163<br>>1163 | 3.80<br>4.00<br>4.20 |
| | 螺杆式 | <528<br>528~1163<br>>1163 | 4.10<br>4.30<br>4.60 |
| | 离心式 | <528<br>528~1163<br>>1163 | 4.40<br>4.70<br>5.10 |
| 风冷或蒸发冷却 | 活塞式/涡旋式 | ≤ 50<br>> 50 | 2.40<br>2.60 |
| | 螺杆式 | ≤ 50<br>> 50 | 2.60<br>2.80 |

**表 10.2.2-2 单元式空气调节机能效比**

| 类型 | | 能效比/（W/W） |
|---|---|---|
| 风冷式 | 不接风管 | 2.60 |
| | 接风管 | 2.30 |
| 水冷式 | 不接风管 | 3.00 |
| | 接风管 | 2.70 |

10.3 性能化设计

10.3.1 性能化设计应以采暖、空调能耗指标作为节能控制目标。

10.3.2 各建筑热工设计分区的控制目标限值应根据节能目标分别确定。

10.3.3 性能化设计的控制目标和计算方法应符合下列规定：

1 严寒、寒冷地区的住宅应以建筑物耗热量指标为控制目标。

建筑物耗热量指标的计算应包含围护结构的传热耗热量、空气渗透耗热量和建筑物内部得热量三个部分，计算所得的建筑物耗热量指标不应超过表10.3.3-1的规定。

表 10.3.3-1 建筑物耗热量指标

单位：W/m²

| 地名 | 耗热量指标 | 地名 | 耗热量指标 | 地名 | 耗热量指标 | 地名 | 耗热量指标 | 地名 | 耗热量指标 |
|---|---|---|---|---|---|---|---|---|---|
| 北京市 | 14.6 | 博客图 | 22.2 | 齐齐哈尔 | 21.9 | 新阳 | 20.1 | 西宁 | 20.9 |
| 天津市 | 14.5 | 二连浩特 | 21.9 | 富锦 | 22.0 | 洛阳 | 20.0 | 玛多 | 21.5 |
| 河北省 | | 多伦 | 21.8 | 牡丹江 | 21.8 | 商丘 | 20.1 | 大柴旦 | 21.4 |
| 石家庄 | 20.3 | 白云鄂博 | 21.6 | 呼玛 | 22.7 | 开封 | 20.1 | 共和 | 21.1 |
| 张家口 | 21.1 | 辽宁省 | | 佳木斯 | 21.9 | 四川省 | | 格尔木 | 21.1 |
| 秦皇岛 | 20.8 | 沈阳 | 21.2 | 安达 | 22.0 | 阿坝 | 20.8 | 玉树 | 20.8 |
| 保定 | 20.5 | 丹东 | 20.9 | 伊春 | 22.4 | 甘孜 | 20.5 | 宁夏 | |
| 邯郸 | 20.3 | 大连 | 20.6 | 克山 | 22.3 | 康定 | 20.3 | 银川 | 21.0 |
| 唐山 | 20.8 | 阜新 | 21.3 | 江苏省 | | 西藏 | | 中宁 | 20.8 |
| 承德 | 21.0 | 抚顺 | 21.4 | 徐州 | 20.0 | 拉萨 | 20.2 | 固原 | 20.9 |
| 丰宁 | 21.2 | 朝阳 | 21.1 | 连云港 | 20.0 | 噶尔 | 21.2 | 石嘴山 | 21.0 |
| 山西省 | | 本溪 | 21.2 | 宿迁 | 20.0 | 日喀则 | 20.4 | 新疆 | |
| 太原 | 20.8 | 锦州 | 21.0 | 淮阴 | 20.0 | 山西省 | | 乌鲁木齐 | 21.8 |
| 大同 | 21.1 | 鞍山 | 21.1 | 盐城 | 20.0 | 西安 | 20.2 | 塔城 | 21.4 |
| 长治 | 20.8 | 葫芦岛 | 21.0 | 山东省 | | 榆林 | 21.0 | 哈密 | 21.3 |
| 阳泉 | 20.5 | 吉林省 | | 济南 | 20.2 | 延安 | 20.7 | 伊宁 | 21.1 |
| 临汾 | 20.4 | 长春 | 21.7 | 青岛 | 20.2 | 暴击 | 20.1 | 喀什 | 20.7 |
| 晋城 | 20.4 | 吉林 | 21.8 | 烟台 | 20.2 | 甘肃省 | | 富蕴 | 22.4 |
| 运城 | 20.4 | 延吉 | 21.5 | 德州 | 20.5 | 兰州 | 20.8 | 克拉玛依 | 21.8 |
| 内蒙古 | 20.3 | 通化 | 21.6 | 淄博 | 20.4 | 酒泉 | 21.0 | 吐鲁番 | 21.1 |
| 呼和浩特 | 21.3 | 双辽 | 21.6 | 兖州 | 20.4 | 敦煌 | 21.0 | 库车 | 20.9 |
| 锡林浩特 | 22.0 | 四平 | 21.5 | 潍坊 | 20.4 | 张掖 | 21.0 | 和田 | 20.7 |
| 海拉尔 | 22.6 | 白城 | 21.8 | 河南省 | | 山丹 | 21.1 | | |
| 通辽 | 21.6 | 黑龙江 | | 郑州 | 20.0 | 平凉 | 20.6 | | |
| 赤峰 | 21.3 | 哈尔滨 | 21.9 | 安阳 | 20.3 | 天水 | 20.3 | | |
| 满洲里 | 22.4 | 嫩江 | 22.5 | 濮阳 | 20.3 | 青海省 | | | |

2 夏热冬冷地区的住宅应以建筑物采暖和空气调节年耗电量之和为控制目标。

建筑物采暖和空气调节年耗电量应采用动态逐时模拟方法在确定的条件下计算。计算条件应包括：

1）居室室内冬、夏季的计算温度。

2）典型气象年室外气象参数。

3）采暖和空气调节的换气次数。

4）采暖、空气调节设备的能效比。

5）室内得热强度。

计算所得的采暖和空气调节年耗电量之和，不应超过表 10.3.3-2 按采暖度日数 HDD18 列出的采暖年耗电量和按空气调节度日数 CDD26 列出的空气调节年耗电量的限值之和。

表 10.3.3-2 建筑物采暖年耗电量和空气调节年耗电量的限值

| HDD18 /（℃·d） | 采暖年耗电量 /（EhWh/m²） | CDD26 /（℃·d） | 空气调节年耗电量 /（EhWh/m²） |
|---|---|---|---|
| 800 | 10.1 | 25 | 13.7 |
| 900 | 13.4 | 50 | 15.6 |
| 1000 | 15.6 | 75 | 17.4 |
| 1100 | 17.8 | 100 | 19.3 |
| 1200 | 20.1 | 125 | 21.2 |
| 1300 | 22.3 | 150 | 23.0 |
| 1400 | 24.5 | 175 | 24.9 |
| 1500 | 26.7 | 200 | 26.8 |
| 1600 | 29.0 | 255 | 28.6 |
| 1700 | 31.2 | 250 | 30.5 |
| 1800 | 33.4 | 275 | 32.4 |
| 1900 | 35.7 | 300 | 34.2 |
| 2000 | 37.9 | | |
| 2100 | 40.1 | | |
| 2200 | 42.4 | | |
| 2300 | 44.6 | | |
| 2400 | 46.8 | | |
| 2500 | 49.0 | | |

3 夏热冬暖地区的住宅应以参照建筑的空气调节和采暖年耗电量为控制目标。

参照建筑和所设计住宅的空气调节和采暖年耗电量应采用动态逐时模拟方法在确定的条件下计算。计算条件应包括：

1）居室室内冬、夏季的计算温度。

2）典型气象年室外气象参数。

3）采暖和空气调节的换气次数。

4）采暖、空气调节设备的能效比。

参照建筑应按下列原则确定：

1）参照建筑的建筑形状、大小和朝向均应与所设计住宅完全相同。

2）参照建筑的开窗面积应与所设计住宅相同，但当所设计住宅的窗面积超过规定性指标时，参照建筑的窗面积应减小到符合规定性指标。

3）参照建筑的外墙、屋顶和窗户的各项热工性能参数应符合规定性指标。

## 11 使用与维护

11.0.1 住宅应满足下列条件，方可交付用户使用：

1 由建设单位组织设计、施工、工程监理等有关单位进行工程竣工验收，确认合格；取得当地规划、消防、人防等有关部门的认可文件或准许使用文件；在当地建设行政主管部门进行备案。

2 小区道路畅通，已具备接通水、电、燃气、暖气的条件。

11.0.2 住宅应推行社会化、专业化的物业管理模式。建设单位应在住宅交付使用时，将完整的物业档案移交给物业管理企业，内容包括：

1 竣工总平面图，单体建筑、结构、设备竣工图，配套设施和地下管网工程竣工图，以及相关的其他竣工验收资料。

2 设施设备的安装、使用和维护保养等技术资料。

3 工程质量保修文件和物业使用说明文件。

4 物业管理所必需的其他资料。

物业管理企业在服务合同终止时，应将物业档案移交给业主委员会。

11.0.3 建设单位应在住宅交付用户使用时提供给用户《住宅使用说明书》和《住宅质量保证书》。

《住宅使用说明书》应当对住宅的结构、性能和各部位（部件）的类型、性能、标准等做出说明，提出使用注意事项。《住宅使用说明书》应附有《住宅品质状况表》，其中应注明是否已进行住宅性能认定，并应包括住宅的外部环境、建筑空间、建筑结构、室内环境、建筑设备、建筑防火和节能措施等基本信息和达标情况。

《住宅质量保证书》应当包括住宅在设计使用年限内和正常使用情况下各部位、部件的保修内容和保修期、用户报修的单位，以及答复和处理的时限等。

11.0.4 用户应正确使用住宅内电气、燃气、给水排水等设施，不得在楼面上堆放影响楼盖安全的重物，严禁未经设计确认和有关部门批准擅自改动承重结构、主要使用功能或建筑外观，不得拆改水、暖、电、燃气、通信等配套设施。

11.0.5 对公共门厅、公共走廊、公共楼梯间、外墙面、屋面等住宅的共用部位，用户不得自行拆改或占用。

11.0.6 住宅和居住区内按照规划建设的公共建筑和共用设施，不得擅自改变其用途。

11.0.7 物业管理企业应对住宅和相关场地进行日常保养、维修和管理；对各种共用设备和设施，应进行日常维护、按计划检修，并及时更新，保证正常运行。

11.0.8 必须保持消防设施完好和消防通道畅通。

# 参考文献


[1] 高祥生，韩巍，过伟敏．室内设计师手册：下册 [M]．北京：中国建筑工业出版社，2001.

[2] 张绮曼，郑曙旸．室内设计资料集 [M]．北京：中国建筑工业出版社，1991.

[3] 赖增祥，陆震伟．室内设计原理 [M]．北京：中国建筑工业出版社，1991.

[4] 李贺楠．别墅建筑课程设计 [M]．南京：江苏人民出版社，2013.

[5] 龚锦．人体尺度与室内空间 [M]．天津：天津科学技术出版社，1995.

[6] 蔡吉安．建筑设计资料集 [M]．北京：中国建筑工业出版社，1994.

[7] 曾丽娟．建筑模型设计与制作 [M]．北京：中国水利水电出版社，2012.

[8] 邹颖，卞洪滨．别墅建筑设计 [M]．北京：中国建筑工业出版社，2000.

[9] 刘伟，李慧文．景观环境设计 [M]．北京：中国民族摄影艺术出版社，2011.

[10] 杨小军．别墅设计 [M]．北京：中国水利水电出版社，2010.

[11] 杨丽娜，张子毅．建筑模型设计与制作 [M]．北京：清华大学出版社，2013.

[12] 刘俊．环境艺术模型设计与制作 [M]．长沙：湖南大学出版社，2011.

[13] 韩光煦，韩燕．别墅及环境设计 [M]．杭州：中国美术学院出版社，2006.

[14] 姜丽，张慧洁．环境艺术设计制图 [M]．上海：上海交通大学出版社，2011.

[15] 谭晓东，肖姗姗．室内陈设设计 [M]．北京：中国建筑工业出版社，2010.

[16] 姜晓樱，侯宁．光与空间设计 [M]．北京：中国电力出版社，2009.

[17] 陈雪杰．室内装饰材料与装修施工实力教程 [M]．北京：人民邮电出版社，2013.

[18] 中国建筑装饰协会．景观设计师培训考试教材 [M]．北京：中国建筑工业出版社，2006.

[19] 颜文明，庄伟．3ds Max/VRay 室内空间设计效果图表现 [M]．北京：中国建材工业出版社，2012.

[20] 陈帅佐．环艺手绘表现图技法 [M]．北京：中国水利水电出版社，2012.

[21] 张纵．园林与庭院设计 [M]．北京：机械工业出版社，2009.

[22] 庄荣，吴叶红．家具与陈设 [M]．北京：中国建筑工业出版社，2004.